IA et transports
Vers un monde autonome

Collection « Ad Valorem »

*

OUVRAGES PARUS

Julien BRIOT-HADAR, Danièle HUET-KOUO et Valérie LEJEUNE (dir.), *Les apports de l'IA à la compliance. Confiance ou défiance ?*, 2024.

Gérard JANDIN, *Salariés et dirigeants en confiance, Clef de réussite et rêve pour l'entreprise,* 2022.

Virginie JACOB ALBY (dir.), *Vulnérabilités des femmes. Aux différents âges de la vie,* 2021.

Thierry CHAVEL, *Trouver sa voie. Comment faire l'entreprise buissonnière ?,* 2020.

Valérie LEJEUNE et Guy Le PÉCHON (dir.), *Le monde et la gouvernance des ETI. Création de Valeur des Conseils des ETI confrontées aux évolutions majeures du monde,* 2019

Valérie LEJEUNE (dir.), *Pour en finir avec le Coaching ?, Tel qu'on le pratique aujourd'hui,* 2018.

Catherine TRUFFERT, *L'innovation, Un pari gagnant pour les petites et moyennes entreprises*, 2017.

Alberto CAMPAGNOLO, Bellezze Crudeli. Tradizione, traduzione e tradimento del mito della moda negli spazi museali permanenti, 2017.

Heinrich ANKER, *Coévolution, culture d'entreprise et philosophie économique, Au-delà du conflit entre l'économie et la société*, 2017.

Albert JOURNO, *La magie des justes proportions*, 2015.

Valérie LEJEUNE (dir.), *Tendances sociales et culturelles de la valeur*, 2015.

Sous la direction de
Noureddine Boudouaz,
Valérie Lejeune,
Daniela Peschard

IA et Transports

Vers un monde autonome

Préface et postface : Noureddine Boudouaz
Avant-propos et coordination rédaction : Arthur Hervochon

L'Harmattan

Ouvrage rédigé par les étudiants de Bachelor Aéronautique de l'IPSA PARIS, Spécialisation IA, Promotion 2025

La Directrice de la collection Ad Valorem, avant la publication d'un ouvrage, recueille les commentaires de plusieurs des membres du Comité scientifique les plus compétents sur les domaines du projet d'ouvrage ; ici ont participé :
Noureddine BOUDOUAZ et Daniela PESCHARD.

5-7, rue de l'École-Polytechnique – 75005 Paris
www.editions-harmattan.fr
ISBN : 978-2-336-56509-5
EAN : 9782336565095

COMITE SCIENTIFIQUE

Heinrich ANKER, Doktor in Volkswirtschaft - Consultant en philosophie et culture d'entreprise, Bern

Viviane de BEAUFORT, Professeure de droit ESSEC BS - Chaire Jean Monnet de l'Union Européenne en gouvernance responsable - Directrice du Centre Europééen de Droit et Economie – ESSEC BS

Noureddine BOUDOUAZ, Diplômé de Télécom SudParis et titulaire d'un DEA en modélisation mathématique – Directeur des Etudes Bachelor à l'IPSA, en charge de la qualité pédagogique en adéquation avec les besoins du secteur aéronautique

Christine CHIRAT, Professeure en Génie des Procédés, Head of Research Group Biorefinery Grenoble INP PAGORA, Vice-Présidente CEVU

Daniela CIRIGLIANO-PESCHARD, Docteure en Astrophysique, Docteure en Physique, Enseignante, Chargée de l'Innovation et de l'Entreprenariat, Institut Mines Télécom-Paris

Didier DELAIGUE, Docteur Ingénieur Ecole nationale des Ponts et Chaussées/Ecole Polytechnique - Président NEOSTRATA Consulting, Prof. Expert CentraleSupélec, ESSEC, HEC, Sciences Po.

Paola DUPERRAY, Docteure en Sciences de Gestion, Maître de Conférences à l'Université Catholique de l'Ouest - Coaching de Dirigeants

Karine EVRARD SAMUEL, Professeure en Sciences de Gestion, Grenoble INP CERAG, Vice-Présidente UGA (Université Grenoble Alpes)

Laurent GAUTIER, Professeur de Linguistique Appliquée, Vice-Président délégué à la valorisation de la recherche, Directeur du Centre Interlangues

Tamal GHOSH, Professor Honoris Indian Institute of Technology, Dr. Ecole Polytechnique Montréal - Vice CEO OMYA Asia Pacific

Brahim GHRIBI, Docteur Paris School of Business, University of Ottawa - Directeur des relations gouvernementales et publiques pour l'Afrique Moyen-Orient, Nokia

Danièle HUET-KOUO, Ingénieure en Management des Organisations – Consultante Internationale Afrique de l'Ouest - Membre d'honneur de Femmes Ingénieures

Adélaïde de LASTIC, Docteure en Philosophie EHESS, Chercheuse associée Institut Jean Nicod – Consultante RSE & Éthique en entreprise

Danielle LECOINTRE-ERICKSON, Docteure en Sciences de Gestion, Maître de Conférences en Marketing Digital à l'Université d'Angers

Valérie LEJEUNE, Docteure en Génie des Procédés et en Business Administration – Présidente Maison Effervescence, Prof.Expert CentraleSupélec Exed, Intervenante IPSA – Actrice

Séverine Le LOARNE LEMAIRE, Professeure en Sciences de Gestion, Grenoble Ecole de Management, Academic Leader GEM Power - Présidente de l'incubateur les Premières AURA

Guy Le PÉCHON, diplômé de l'École Polytechnique, CEO Partner de Gouvernance&Structures - Consultant en Gouvernance des sociétés dont numérique

Stéphane MALO, Docteur en Sciences de Gestion, Assistant Professor in Creativity & Innovation Management, American University of Paris

Ryane MERALLI-BALLOU, Docteure en Droit - Présidente du Think-Tank proprietes-immaterielles.org - Consultante en Droit de la Propriété Intellectuelle et Nouvelles Technologies au Cabinet Mosaik

Catherine MONTAGNON, Docteure en sciences des organisations Paris Dauphine et Ingénieure diplômée de l'École Polytechnique - Direction générale de l'Institut National de Recherche en santé au travail

Guillaume RAVEL, Docteur-Ingénieur en Physique de l'Université de Grenoble, chargé des partenariats et de la valorisation à la Direction des Energies du CEA- ancien auditeur de l'IHEST, membre fondateur de l'association Humanisme et Performance, et membre du Conseil de surveillance de la Fondation Maison des Sciences de l'Homme

Catherine TRUFFERT, Docteure en Géologie - Présidente Iris Instruments BRGM

Catherine VINDEVOGHEL, Docteure en Chimie Analytique, Université Paris VI - Conseil en développement des organisations et excellence opérationnelle – Site Manager NOVASEP

Tairan WANG, Docteur en Génie Industriel, Ecole Centrale Paris - Manager Consultant - Data & Technology Transformation - AI Analytics & Automation - IBM Global Business Services

Sarah YARMOHAMMADI, diplômée d'HEC Paris, Chef d'entreprise, Consultante en stratégie et Gestion de Projet et de Programme - Membre de Comité d'organisation de l'institut G9plus.

Image de couverture réalisée par

Dr. Larissa NOURY

Dr. Larissa Noury - est coloriste en art, design et architecture, actuellement professeur à l'École ITECOM Art et Design, médaille d'or du concours Lépine international pour sa technique des Couleurs Tactile. Ses œuvres picturales sont dans les collections privées et dans plusieurs musées de différents pays du monde.

Larissa Noury a obtenu le diplôme d'architecte à l'école polytechnique de Minsk et soutenu deux thèses de doctorat : une thèse en architecture à Saint Pétersbourg et une autre en histoire de l'art à Bordeaux sous la présidence de Michel Pastoureau.

AVERTISSEMENT

Cet ouvrage collectif a été rédigé par des étudiants dans le cadre d'un projet pédagogique. Il témoigne de leur engagement, de leur curiosité intellectuelle et de leur volonté de partager leurs connaissances. Nous espérons que les industriels du transport y trouveront des pistes d'innovation utiles.

Malgré tous les efforts fournis, certaines imprécisions, erreurs ou approximations peuvent subsister, en raison notamment de leur expérience encore en construction ou de ressources parfois limitées.

Les coordinateurs du projet ont assuré un rôle d'accompagnement et de structuration, mais chaque auteur ou groupe d'auteurs reste responsable du contenu de sa contribution : exactitude, actualité, originalité, et pertinence des informations présentées.

Les opinions exprimées n'engagent que leurs auteurs. Il est possible que certaines divergences de points de vue ou incohérences apparaissent entre les différentes parties.

Nous invitons donc le lecteur à faire preuve d'un regard critique et bienveillant, et à considérer cet ouvrage comme une étape d'apprentissage, riche de promesses et d'enseignements.

Nous remercions chaleureusement les lecteurs pour leur compréhension et leur soutien envers cette initiative étudiante.

PREFACE

Noureddine BOUDOUAZ

Directeur des études – Programme Bachelor

IPSA

C'est avec une immense fierté que je signe la préface de cet ouvrage, fruit du travail collectif de nos étudiants en Bachelor, spécialisation Intelligence Artificielle, à l'IPSA.

Ce livre témoigne non seulement de leur engagement académique, mais aussi de leur curiosité, de leur créativité et de leur capacité à explorer les multiples facettes de l'intelligence artificielle avec rigueur et sens critique. À travers les pages qui suivent, vous découvrirez des projets ambitieux, des réflexions éthiques, des expérimentations techniques et des visions prospectives qui illustrent la richesse de cette discipline en pleine évolution.

En tant que directeur des études, j'ai eu le privilège d'accompagner ces jeunes talents tout au long de leur parcours. Leur enthousiasme, leur esprit d'équipe et leur volonté de repousser les limites du possible sont une source d'inspiration constante. Ce recueil est bien plus qu'un simple aboutissement pédagogique : il est le reflet d'une génération qui pense, conçoit et agit pour un avenir technologique plus responsable et plus humain.

Je tiens à remercier chaleureusement l'ensemble des enseignants, tuteurs et intervenants qui ont contribué à encadrer ces travaux, ainsi que les partenaires académiques et industriels qui ont soutenu cette initiative.

À vous, lecteurs, je souhaite une lecture stimulante et éclairante. Puissiez-vous y trouver, comme moi, les signes prometteurs d'un futur porté par l'intelligence… et par l'humain.

AVANT-PROPOS

Arthur HERVOCHON - Etudiant du Bachelor aéronautique de l'IPSA PARIS - Spécialité Data et IA

Ce livre regroupe trois études approfondies sur les implications techniques, éthiques et sociétales de l'intelligence artificielle dans les domaines du transport : ferroviaire (TGV), spatial (fusées) et aérien (dogfight). Nous, étudiants de Bachelor Aéronautique de l'IPSA PARIS, spécialisés en DATA et IA, avons mené ces recherches avec rigueur, tout en demandant l'avis de professionnels du domaine afin de présenter des résultats crédibles et réalistes. Rédigés dans le cadre du module « Pilotage automatique et IA », chaque chapitre explore des enjeux concrets tels que la sécurité, la robustesse des systèmes embarqués, les architectures de décision autonome, et l'impact sur l'emploi ou l'environnement. Ce travail collectif vise à offrir une vision claire, critique et prospective de l'autonomie dans les systèmes complexes de pilotage.

Sommaire

CHAPITRE 1 : L'intelligence artificielle au service du ciel

Noureddine BOUDOUAZ

Dans un monde où les frontières de l'innovation reculent chaque jour un peu plus, l'IPSA – Institut Polytechnique des Sciences Avancées – s'impose comme un phare pour celles et ceux qui rêvent de conquérir le ciel autrement. Depuis 1961, cette école d'ingénieurs française, implantée à Paris-Ivry, Toulouse et Lyon, forme des esprits curieux et audacieux, prêts à relever les défis de l'aéronautique, du spatial et des nouvelles mobilités. Membre du groupe IONIS, l'IPSA bénéficie d'un écosystème riche, connecté à l'industrie, à la recherche et à l'innovation.

C'est dans cette dynamique qu'est né le **Bachelor Aéronautique**, une formation en trois ans, accessible dès le baccalauréat, pensée pour accompagner les étudiants dans une montée en compétences progressive. Ce parcours unique conjugue rigueur scientifique, immersion technologique et ouverture vers les métiers de demain. En troisième année, deux spécialisations s'offrent aux étudiants : les drones ou l'intelligence artificielle.

Quand l'intelligence artificielle redéfinit l'aéronautique

Choisir la spécialisation en **Intelligence Artificielle (IA)**, c'est plonger au cœur des technologies qui transforment en profondeur l'aéronautique, les drones et les systèmes embarqués. C'est apprendre à concevoir des machines capables de percevoir, d'analyser, de décider. C'est maîtriser les algorithmes, les architectures logicielles et les outils qui rendent les systèmes plus autonomes, plus sûrs, plus performants.

Les applications sont multiples et fascinantes. Dans les avions, l'IA anticipe les pannes grâce à la maintenance prédictive, optimise les trajectoires de vol en temps réel, et assiste les pilotes dans leurs décisions critiques. Dans les drones, elle permet la navigation autonome, la reconnaissance d'images en mission de secours ou d'agriculture, et la coordination de flottes entières. Dans les systèmes embarqués, elle alimente les véhicules sans pilote, les interfaces intelligentes et les dispositifs de cybersécurité.

Une pédagogie ancrée dans le réel

Le Bachelor s'articule autour de trois années complémentaires

- **Première année** : les bases scientifiques (mathématiques, physique, informatique) et une première immersion dans l'univers aéronautique.

- **Deuxième année** : modélisation, programmation avancée, systèmes autonomes.

- **Troisième année** : spécialisation IA, avec des modules en machine learning, cybersécurité, vision par ordinateur, et une immersion en entreprise via l'alternance ou un stage long.

Chaque année est rythmée par des stages, des projets concrets, des séjours à l'étranger, des hackathons, des conférences et des rencontres avec des professionnels du secteur.

Une troisième année tournée vers l'action

La dernière année du Bachelor est conçue comme un tremplin vers le monde professionnel. Le premier semestre est dédié aux fondations techniques : systèmes d'aide à la décision, data mining, gestion de projet IT, entrepreneuriat, anglais professionnel, et projets appliqués comme le Campus Fab ou le projet fédérateur IA.

Le second semestre approfondit les compétences en deep learning, développement web, stabilité du vol, et prépare activement à l'insertion professionnelle avec le projet « My Job », des simulations d'entretien, des projets en anglais, et une évaluation des acquis en entreprise.

Former les bâtisseurs du ciel de demain

À l'IPSA, la formation ne se limite pas à l'acquisition de savoirs techniques. Elle s'inscrit dans une vision globale des mutations du secteur aéronautique et spatial. Les étudiants sont formés à maîtriser les outils du numérique – IA, cybersécurité, science des données, systèmes embarqués – mais aussi à répondre aux défis écologiques, en concevant des solutions plus durables : moteurs hybrides, matériaux allégés, gestion énergétique embarquée.

L'innovation est au cœur de l'approche pédagogique. Les étudiants explorent des domaines émergents comme la mobilité aérienne urbaine, les satellites intelligents ou les jumeaux numériques. Ils collaborent avec des entreprises, participent à des projets concrets, et développent une posture d'ingénieur-innovateur.

Et après ?

Les diplômés du Bachelor peuvent devenir développeurs IA embarquée, data analysts, spécialistes en cybersécurité aéronautique, ou assistants ingénieurs en robotique. Ils peuvent aussi poursuivre leurs études en Master, MBA technologique, ou intégrer une école d'ingénieurs comme l'IPSA.

CHAPITRE 2 : Former des profils pointus en Intelligence Artificielle pour l'Aéronautique : Une Approche Spécialisée au Service de l'Emploi

Othmane ANSARI

1. Une formation spécialisée comme alternative stratégique aux parcours IT généralistes

L'évolution rapide du secteur de l'intelligence artificielle (IA) dans l'industrie impose une réflexion sur les parcours de formation. Pendant longtemps, la voie traditionnelle pour se spécialiser en IA passait par un cursus généraliste en informatique, avec une spécialisation tardive en master. Ce modèle a certes produit des ingénieurs compétents, mais il présente deux limites majeures dans un contexte où les besoins du marché sont à la fois urgents et extrêmement ciblés.
Premièrement, le temps consacré aux disciplines informatiques générales retarde l'entrée de l'étudiant dans les problématiques propres à l'IA, alors même que les entreprises sont en quête de profils opérationnels, capables d'intervenir rapidement sur des cas d'usage précis. Deuxièmement, une formation trop généraliste expose les étudiants à des matières parfois éloignées de leur projet professionnel, générant frustration, désengagement, voire perte de temps.

Face à ce constat, j'ai proposé un changement de paradigme : former dès la première année des profils spécialisés en intelligence artificielle appliquée à l'aéronautique. L'objectif n'est pas uniquement d'enseigner les fondamentaux techniques, mais de créer une filière intégrée, cohérente, et pragmatique, conçue pour amener l'étudiant à un haut niveau d'expertise rapidement, sans détour par des savoirs génériques peu utiles dans les contextes industriels ciblés.

Cette spécialisation dès l'entrée en formation permet une montée en compétences rapide, tout en préparant à une intégration fluide dans le monde professionnel grâce à l'alternance proposée dès la troisième année. Ainsi, plutôt que de produire des informaticiens polyvalents à la recherche de spécialisation, nous formons directement des profils en IA aéronautique, prêts à répondre aux défis concrets de l'industrie.

2. Une architecture pédagogique pensée pour l'intelligence artificielle appliquée

Le succès de cette approche repose sur une construction pédagogique rigoureuse et sur mesure. Le programme ne s'est pas contenté de "mettre de l'IA" dans une formation informatique préexistante. Il a été entièrement conçu en partant des compétences spécifiques requises dans l'industrie aéronautique, puis en déduisant les savoirs fondamentaux nécessaires pour les maîtriser efficacement.

En mathématiques, les modules sont centrés sur l'algèbre linéaire, le calcul matriciel, l'optimisation et les statistiques — toutes des briques essentielles pour comprendre le fonctionnement des réseaux de neurones, des algorithmes de régression ou de classification. On n'y étudie non pas la théorie pour elle-même, mais comme un levier direct vers la maîtrise des modèles IA.

En physique, l'accent est mis sur la mécanique du vol, les capteurs embarqués et les traitements des signaux. Ces contenus permettent à l'étudiant de comprendre les données issues des environnements aéronautiques, d'en saisir les contraintes, et d'en tirer des modélisations robustes. Il s'agit là d'une double compétence fondamentale : être capable de traiter les données, mais aussi de comprendre leur origine physique.

En informatique, les cours de programmation, d'architecture logicielle, et de gestion des données sont immédiatement orientés vers des cas d'usage en machine learning et deep learning. L'objectif est que chaque ligne de code produite ait un sens applicatif. Le choix des langages (Python, avec des bibliothèques comme PyTorch, TensorFlow, Scikit-learn, etc.), des outils de versionnage, ou des plateformes cloud, répond à un cahier des charges concret : préparer l'étudiant à travailler en environnement industriel, sur des projets réels, avec les outils de référence.

Ainsi, chaque matière sert un objectif commun : rendre l'étudiant apte à comprendre, concevoir, entraîner et déployer des modèles d'IA performants dans le contexte exigeant de l'aéronautique. Aucune matière ne relève du "bagage culturel généraliste". Tout est conçu pour que chaque compétence acquise soit un prérequis direct à la suite du parcours ou à une compétence métier ciblée.

3. Une alternance en troisième année pour valoriser un profil déjà mature

Contrairement aux parcours classiques où l'alternance est perçue comme un terrain de mise en pratique pour des étudiants encore en formation théorique, notre modèle pédagogique permet à l'alternant d'être immédiatement opérationnel. En effet, à l'issue des deux premières années, l'étudiant a déjà acquis une grande partie des compétences que l'on retrouve dans les formations de niveau master spécialisées en IA.
Cette maturité technique anticipée change radicalement la nature de l'alternance. Plutôt que d'effectuer des tâches périphériques ou d'observation, l'étudiant peut réellement contribuer à des projets stratégiques d'IA. Il sait concevoir un pipeline de

traitement de données, choisir et entraîner des modèles, analyser des résultats, et même dialoguer avec des experts métier pour adapter les solutions aux contraintes industrielles.

Cela permet également aux entreprises de gagner un temps précieux. Elles bénéficient d'un collaborateur compétent, adaptable, capable de s'intégrer rapidement aux équipes projets. Ce modèle crée un cercle vertueux : l'entreprise valorise le profil pointu de l'étudiant, qui en retour, consolide ses compétences dans un contexte appliqué et exigeant. Plusieurs de nos partenaires industriels saluent d'ailleurs cette approche, considérant nos alternants comme de véritables jeunes ingénieurs plutôt que comme de simples étudiants en stage prolongé.

Ce système favorise également l'employabilité : Grâce à la spécialisation forte du profil et à la maîtrise des outils et méthodes d'IA dès la troisième année, les diplômés n'ont pas besoin de suivre une formation complémentaire ou de stages supplémentaires pour devenir opérationnels. Ils sont immédiatement employables dans les départements data science, recherche ou innovation, ou même dans des start-ups spécialisées.

4. Une réponse concrète aux besoins industriels : former pour agir, pas seulement pour comprendre

Au-delà de la logique académique, cette formation spécialisée s'inscrit dans une logique de co-construction avec le tissu industriel. Les modules, les projets, et les outils pédagogiques sont régulièrement revus avec nos partenaires pour rester alignés avec les technologies en usage, les attentes des recruteurs, et les nouveaux défis du secteur.
Le secteur aéronautique évolue rapidement, poussé par l'optimisation des performances, la maintenance prédictive, l'autonomie des systèmes, ou encore la décarbonation des vols. Tous ces enjeux impliquent une exploitation intelligente de

masses de données, une capacité à modéliser des comportements complexes, à détecter des signaux faibles, ou à optimiser des chaînes de production. Autrement dit, ils requièrent l'intervention de profils capables d'implémenter et d'adapter des solutions IA à des problématiques bien spécifiques.

Former à ces compétences ne peut se faire par le biais d'un tronc commun généraliste ou d'une simple sensibilisation à l'IA. Il faut aller en profondeur, en proposant des projets concrets, des datasets issus du secteur, des cas d'usage réels, et une montée en complexité progressive. C'est exactement ce que notre formation propose.

En ce sens, notre modèle dépasse la simple logique de formation. Il est un vecteur d'innovation, un catalyseur d'intégration entre les enjeux académiques et industriels. L'étudiant n'est plus un récepteur passif de savoirs, mais un acteur de l'évolution technologique de son secteur. En s'appropriant très tôt les outils de l'intelligence artificielle, il devient une ressource précieuse pour les entreprises, capable de s'insérer rapidement et de générer de la valeur.

Enfin, cette logique de spécialisation n'exclut pas la rigueur scientifique ou la capacité à évoluer. Bien au contraire, en s'appuyant sur des bases solides en mathématiques, physique et informatique, nos diplômés disposent de la maturité nécessaire pour apprendre de nouveaux modèles, migrer vers d'autres secteurs connexes, ou poursuivre vers des recherches avancées en IA. Loin d'enfermer dans une niche, cette approche ouvre des perspectives — mais des perspectives construites sur des compétences solides et ciblées.

Pour conclure

La formation spécialisée en intelligence artificielle appliquée à l'aéronautique que nous proposons n'est pas une simple variation

d’un parcours informatique classique. C’est une réinvention du modèle pédagogique, fondée sur une analyse fine des besoins industriels, une cohérence disciplinaire forte, et une volonté d’accélérer l’employabilité.
En refusant le détour par des matières généralistes sans lien direct avec l’objectif métier, et en valorisant une alternance à haute valeur ajoutée, nous proposons une réponse concrète aux défis contemporains du secteur aéronautique. L’étudiant devient, dès la troisième année, un spécialiste de l’IA capable d’agir, de s’adapter, et de contribuer à l’innovation.

Ce modèle, fondé sur la spécialisation précoce, la cohérence pédagogique, et la proximité avec l’industrie, est peut-être aujourd’hui l’une des voies les plus efficaces pour former des talents en IA qui auront un impact réel et immédiat dans le monde professionnel.

CHAPITRE 3 : Politique RSE pour l'Automatisation des Systèmes de Signalisation du TGV

Florian ANDRE, Bastien CHANEL, Quentin COMTE

1. Engagement Environnemental

L'automatisation du TGV doit s'inscrire dans une démarche écoresponsable, en optimisant l'efficacité énergétique et en réduisant l'impact écologique du transport ferroviaire.

Optimisation énergétique :

- Mise en place d'algorithmes d'**écoconduite automatique** pour réduire la consommation d'électricité.
- Utilisation de systèmes de **récupération d'énergie cinétique** lors du freinage.

Réduction de l'empreinte carbone :

- Intégration de panneaux solaires et d'autres sources d'énergie renouvelable pour alimenter une partie des infrastructures de signalisation.
- Diminution des émissions indirectes grâce à une **gestion automatisée du trafic ferroviaire** (évite les ralentissements inutiles et réduit la consommation d'énergie).

Matériaux durables :

- Choix de composants électroniques et capteurs à faible impact environnemental.
- Recyclage des anciens systèmes de signalisation.

2. Engagement Social et Sécurité

L'automatisation ne doit pas impacter négativement les emplois et doit garantir une sécurité maximale aux usagers et aux cheminots.

Sécurité des passagers et du personnel :

- Mise en place d'une **intelligence artificielle supervisée** pour assurer une double vérification entre l'humain et la machine.
- Renforcement des systèmes anti-cyberattaque pour éviter toute tentative de piratage des signaux.

Impact sur l'emploi et formation des cheminots :

- Accompagnement des salariés vers de nouveaux métiers (maintenance des systèmes automatisés, supervision des IA).
- Développement de formations internes pour adapter les compétences des conducteurs aux nouvelles technologies.

Accessibilité et confort pour les usagers :

- Automatisation des annonces en temps réel sur les conditions de voyage.
- Amélioration de l'ergonomie et de la fluidité des trajets pour les personnes à mobilité réduite.

3. Engagement Éthique et Gouvernance

L'automatisation ne doit pas être un prétexte pour réduire la qualité de service ou négliger les préoccupations éthiques.

Transparence et acceptation sociale :

- Impliquer les cheminots et les usagers dans les choix d'automatisation via des **consultations publiques**.
- Expliquer clairement comment l'IA prendra des décisions pour garantir la confiance du public.

Collaboration avec des partenaires responsables :

- Sélectionner des fournisseurs engagés dans une démarche éthique et respectueuse de l'environnement.
- S'assurer que les logiciels utilisés respectent des normes européennes de sécurité et de protection des données.

Anticipation des risques :

- Mise en place d'un comité éthique pour surveiller l'impact des décisions automatisées.
- Développement de solutions de **reprise manuelle** immédiate en cas de panne du système automatisé.

Conclusion

L'automatisation du TGV et des systèmes de signalisation représente une avancée technologique majeure qui peut s'inscrire dans une logique RSE forte. L'objectif est de **réduire l'empreinte carbone du transport ferroviaire**, **garantir la sécurité et l'employabilité des cheminots**, et **maintenir un haut niveau d'éthique et de gouvernance**.

Il ne s'agit pas d'une simple modernisation technique, mais d'un **engagement global** pour un transport ferroviaire plus sûr, plus écologique et plus inclusif.

CHAPITRE 4 : Vers un TGV autonome : Défis techniques et solutions avancées

Florian ANDRE, Bastien CHANEL, Quentin COMTE

1. Introduction

L'automatisation du transport ferroviaire a progressé avec les métros sans conducteur (GoA4), mais l'adaptation de ces technologies au **TGV (Train à Grande Vitesse)** pose de nouveaux défis. Contrairement aux métros, un TGV :

- **Évolue à des vitesses extrêmes (jusqu'à 320 km/h)**.
- **Circule sur des centaines de kilomètres**, nécessitant une interopérabilité avec plusieurs infrastructures ferroviaires.
- **Dépend fortement des conditions environnementales** (vent, obstacles sur la voie, courbes à haute vitesse).
- **Implique des enjeux de cybersécurité critiques** pour éviter tout sabotage des commandes à distance.

Ce document explore **les solutions technologiques** qui permettraient de rendre le TGV autonome tout en garantissant une **sécurité absolue**.

2. Architecture d'un Système de Conduite Autonome Ferroviaire

Niveaux d'automatisation (Grade of Automation - GoA)

L'automatisation ferroviaire est définie par l'**Union Internationale des Chemins de Fer (UIC)** :

- **GoA2** : Conduite automatisée mais avec un conducteur à bord.
- **GoA3** : Conduite autonome, présence d'un agent de supervision à bord.
- **GoA4** : Conduite totalement autonome, aucun personnel à bord.

Le TGV vise un niveau **GoA3/GoA4**, nécessitant une infrastructure de **supervision à distance** et des systèmes embarqués ultra-fiables.

3. Technologies Clés pour l'Automatisation du TGV

3.1. Perception et Fusion de Capteurs

Un TGV autonome doit détecter **avec précision** son environnement à grande vitesse. Voici les principaux capteurs utilisés :

- ***LiDAR (Light Detection and Ranging)***

  - **Avantages** : Cartographie 3D haute précision, indépendance des conditions lumineuses.
  - **Défi** : Gestion des vibrations et du flou cinétique à 320 km/h.
  - **Solution** : Systèmes de **stabilisation gyroscopique** et **filtres de Kalman** pour améliorer la précision des données.

- ***Caméras HD et Vision par Ordinateur***

  - **Objectif** : Détection des signaux ferroviaires, obstacles, conditions météo.
  - **Défi** : Temps de traitement ultra-rapide pour éviter une latence excessive.
  - **Solution** : Accélérateurs **GPU/TPU embarqués** et IA optimisée (convolutional neural networks - CNN).

- ***Radar à onde millimétrique***

  - **Rôle** : Détection des obstacles à **longue distance**, même dans des conditions de pluie/neige.
  - **Intégration** : Utilisé en synergie avec le **LiDAR** pour éviter les faux positifs.

- ***Capteurs GNSS + Inertiels***

  - **Objectif** : Localisation **centimétrique** en temps réel.
  - **Limite** : Le GNSS perd de la précision dans les tunnels.
  - **Solution** : Fusion avec **capteurs inertiels IMU** et **balises au sol RFID** pour assurer la continuité des données.

3.2. Signalisation et Infrastructure de Communication

- ***Signalisation ETCS Niveau 3***

  - Fonctionnement via **communications radio en temps réel (GSM-R, 5G)**.

- **Suppression des signaux physiques** au profit d'un contrôle centralisé et intelligent.
- **Avantage** : Réduction des coûts d'infrastructure et flexibilité accrue.

- *Edge Computing et Cloud Ferroviaire*

  - **Décentralisation du calcul** pour réduire la latence.
  - **Cloud ferroviaire sécurisé** avec **chiffrement quantique** pour éviter le piratage.

3.3. Intelligence Artificielle et Décision Autonome

Un TGV autonome doit **prendre des décisions critiques en millisecondes**. L'IA joue un rôle clé à trois niveaux :

1. **Conduite prédictive** : Modélisation du freinage anticipé, adaptation dynamique aux courbes.
2. **Analyse des anomalies** : Détection des comportements inhabituels des trains voisins.
3. **Optimisation énergétique** : Algorithmes de **machine learning** pour minimiser la consommation d'énergie.

- *Apprentissage par renforcement (Reinforcement Learning - RL)*

  - **Méthode** : L'IA apprend par essais/erreurs en simulation (ex : environnement basé sur OpenAI Gym + TensorFlow).
  - **Cas d'usage** : Optimisation de la vitesse pour éviter les à-coups et prolonger la durée de vie des freins.

- ***Réseaux neuronaux convolutifs (CNN) pour la vision***

    - **Utilisation** : Lecture des signaux ferroviaires en temps réel.
    - **Précision** : Entraîné sur **des millions d'images** pour atteindre une précision de 99,9 %.

4. Sécurité et Redondance

Un système autonome doit **prévenir les pannes et cyberattaques**.

4.1. Cybersécurité ferroviaire

- **Protection contre les attaques radio (GSM-R, 5G)** via chiffrement quantique.
- **IA de détection d'intrusion** : Identification en temps réel des activités suspectes.
- **Systèmes "air-gapped"** : Certaines parties du système ne sont **jamais connectées à Internet** pour éviter le piratage.

4.2. Redondance et Résilience

- **Doubles unités de calcul embarquées** (failover automatique en cas de panne).
- **Systèmes de freinage indépendants (hydraulique vs électrique)**.
- **"Mode de secours"** où le train repasse sous contrôle humain à distance.

5. Déploiement Progressif et Feuille de Route

- **2025-2030** : Tests sur trains régionaux (GoA2/GoA3).
- **2030-2040** : Déploiement des premiers TGV semi-autonomes.

- **2040+** : Possibilité d'un TGV 100 % autonome (GoA4), si les infrastructures sont adaptées.

Conclusion

Un **TGV autonome** est **techniquement réalisable**, mais implique :

1. Une **modernisation profonde** des infrastructures (signalisation ETCS 3, 5G ferroviaire).
2. Une **IA avancée** pour la prise de décision en temps réel.
3. Une **cybersécurité ultra-renforcée** pour éviter les intrusions.

Si ces défis sont relevés, **un TGV autonome pourrait être opérationnel d'ici 2040**, transformant radicalement le transport ferroviaire en le rendant **plus sûr, plus rapide et plus économe en énergie**.

CHAPITRE 5 : Comment un système de pilotage automatique basé sur l'intelligence artificielle peut-il surpasser un pilote humain en combat rapproché (dogfight) tout en assurant sécurité et efficacité opérationnelle ?

Mathys DEFYN, Basile HUET, Hector LAMALLE, Valentin PERROT

Résumé

Le combat aérien rapproché, communément appelé *dogfight*, constitue l'un des domaines les plus exigeants de l'aviation militaire. Il implique une confrontation directe entre deux ou plusieurs appareils de chasse, où la moindre erreur peut être fatale. Ces affrontements se déroulent à très haute vitesse, avec des manœuvres complexes dans un espace tridimensionnel, et nécessitent des décisions quasi instantanées. Dans ce contexte, l'intégration de l'intelligence artificielle représente une avancée stratégique majeure. En combinant la puissance de calcul, l'apprentissage automatique et l'exploitation de capteurs en temps réel, les systèmes autonomes visent à égaler, voire surpasser, les capacités décisionnelles et opérationnelles des pilotes humains. Ce rapport explore l'état de l'art en matière d'IA appliquée au dogfight, en mettant en lumière les principales avancées technologiques, les cas d'étude concrets, les défis encore à relever, ainsi que les implications futures d'un pilotage autonome dans le domaine du combat aérien militaire.

Contexte

Depuis les premiers affrontements aériens du XXe siècle, le dogfight s'est imposé comme un symbole de supériorité aérienne et de maîtrise technologique. Toutefois, les exigences de ce type de combat vont bien au-delà de la seule performance physique du pilote. Le *dogfight* repose sur une combinaison de facteurs : une capacité à anticiper les mouvements adverses, une maîtrise parfaite de l'appareil, une lecture fine de l'espace, ainsi qu'une prise de décision rapide, souvent en quelques fractions de seconde. Dans un tel environnement, la moindre latence ou hésitation peut entraîner la perte de l'avion et de la mission.
Avec l'essor des technologies numériques, de nouveaux outils viennent enrichir le champ du combat aérien. En particulier, les avancées en intelligence artificielle, en traitement du signal, en fusion de données issues de capteurs, et en apprentissage profond (*deep learning*), offrent désormais la possibilité d'automatiser certaines fonctions critiques du pilotage, voire d'envisager des systèmes de combat aériens totalement autonomes. Ces IA sont capables de traiter une quantité massive d'informations à une vitesse inatteignable par un humain, tout en exécutant des manœuvres optimisées et adaptatives face à un adversaire.

L'intégration de l'IA dans le combat rapproché ne vise pas seulement à alléger la charge de travail du pilote, mais bien à repenser les fondements mêmes de l'engagement aérien. L'objectif est de créer un système autonome capable de gérer l'ensemble des paramètres tactiques d'un combat, de s'adapter en temps réel aux stratégies ennemies, et de maximiser les chances de survie et de victoire. Cela soulève cependant des questions complexes, tant sur le plan technologique qu'éthique, que ce rapport se propose d'explorer.

Problématique de recherche

Comment un système de pilotage automatique basé sur l'intelligence artificielle peut-il surpasser un pilote humain en combat rapproché (dogfight) tout en assurant sécurité et efficacité opérationnelle ?

Etat de l'art

Ces dernières années, de nombreuses avancées ont été réalisées dans le domaine du pilotage autonome et de l'intelligence artificielle appliquée à l'aviation militaire, transformant progressivement la manière dont les combats aériens sont menés. Le développement de systèmes intelligents vise à assister, voire à remplacer, le pilote dans des contextes tactiques complexes comme le *dogfight*. Voici les principaux axes de progression actuels :

Systèmes de pilotage automatique avancés

Les avions de chasse de dernière génération, tels que le F-35 Lightning II (États-Unis) ou le Su57 Felon (Russie), intègrent déjà des systèmes de gestion de vol automatisés très poussés. Ces dispositifs assurent une stabilisation active, une optimisation énergétique, ainsi qu'une aide au pilotage dans des scénarios complexes, en réduisant la charge cognitive du pilote. Bien que ces systèmes ne prennent pas encore de décisions offensives, ils constituent une première étape vers une autonomie partielle.

Intelligence artificielle et apprentissage par renforcement

L'un des cas les plus emblématiques est celui du programme AlphaDogfight Trials, lancé par la DARPA (Defense Advanced Research Projects Agency). Ce programme a démontré qu'un agent intelligent, entraîné par apprentissage par renforcement profond (*deep reinforcement learning*), pouvait surpasser un pilote de chasse expérimenté dans un simulateur de combat aérien rapproché. Le système développé par Heron Systems a remporté tous ses affrontements contre des adversaires humains, y compris un ancien pilote de l'US Air Force, grâce à sa capacité d'analyse et de réaction en temps réel, ainsi qu'à l'apprentissage de stratégies optimisées par simulation.

Fusion de capteurs et prise de décision autonome

L'intelligence artificielle ne se limite pas à l'exécution de manœuvres. Elle repose aussi sur une analyse fine de l'environnement tactique via la fusion de données multisources : radars, capteurs infrarouges (IRST), LIDAR et autres systèmes embarqués. Cette capacité à croiser et interpréter des données hétérogènes en temps réel permet à l'IA d'établir une conscience situationnelle dynamique, de prédire les intentions adverses et d'adapter ses décisions instantanément. Cela représente une avancée cruciale pour l'autonomie en combat rapproché, où le contexte évolue très rapidement.

Protocole d'analyse

Pour évaluer les performances d'un système de pilotage autonome en combat rapproché, nous proposons un protocole basé sur les critères suivants :

1. Réactivité :
Objectif : Mesurer la capacité du système autonome à réagir en temps réel aux actions adverses, notamment dans un environnement dynamique à haute vitesse.

- **Approche méthodologique :** Tester le temps de réponse du système face à des manœuvres inattendues ou complexes d'un adversaire. Il pourrait être utile d'inclure des tests dans des simulations à haute pression, en simulant des situations où des décisions doivent être prises sous une très faible latence.

- **Critères de comparaison :** Comparer les résultats obtenus par l'IA avec ceux des pilotes humains dans des conditions de combat rapproché (ex : AlphaDogfight Trials).

2. Efficacité des trajectoires :

Objectif : Analyser et comparer les trajectoires de l'IA avec celles d'un pilote humain expérimenté, en tenant compte de la gestion de la manœuvrabilité et de l'énergie.

- **Approche méthodologique :** Entraîner et tester l'IA sur des simulations de combats rapprochés complexes où il faut maximiser l'efficacité des trajectoires tout en limitant l'exposition aux risques.

- **Critères de comparaison :** Mesurer la précision des trajectoires de l'IA en fonction des modèles humains existants et des paramètres d'optimisation (vitesse, angle d'attaque, altitude, etc.).

3. Robustesse aux contre-mesures :

Objectif : Tester la capacité de l'IA à s'adapter à des manœuvres d'évasion et de leurres utilisés par des adversaires.

- **Approche méthodologique** : Utiliser des simulations avec des contre-mesures sophistiquées, telles que le brouillage radar, les leurres infrarouges et les techniques de détection. Évaluer la capacité de l'IA à maintenir sa conscience situationnelle et ses performances malgré ces perturbations.

- **Critères de comparaison :** Comparer la réaction de l'IA à ces contre-mesures avec celle d'un pilote humain, qui peut être limité par ses propres capacités cognitives et physiques.

4. Simulation et confrontation réelle :

Objectif : Valider les performances de l'IA dans des environnements simulés et réels.

- **Approche méthodologique :** Réaliser des tests dans des simulateurs de vol avancés et en vol réel, en confrontant l'IA à des pilotes humains dans des scénarios de combat rapproché.

- **Critères de comparaison :** Mesurer la capacité de l'IA à s'adapter aux stratégies humaines en conditions réelles de combat. Les tests en simulation permettent de contrôler les variables, tandis que les tests réels permettent de valider l'adaptabilité et la performance sous pression.

5. Prise de décision autonome et fusion de capteurs :

Objectif : Évaluer la capacité de l'IA à fusionner les données provenant de multiples capteurs pour une prise de décision en temps réel.

- **Approche méthodologique :** Intégrer des tests utilisant des capteurs multiples (radar, IRST, LIDAR, etc.) et mesurer comment l'IA exploite cette information pour créer une conscience situationnelle.

- **Critères de comparaison :** Comparer la gestion et l'intégration des informations sensorielles par l'IA avec celles d'un pilote humain qui doit gérer ses propres instruments tout en se concentrant sur le combat.

Résultats

Les premiers résultats issus des simulations montrent que les IA entraînées par apprentissage par renforcement atteignent des performances proches, voire supérieures, à celles des pilotes humains.

- **Manœuvres optimisées** : L'IA exploite des angles d'attaque et des manœuvres imprévisibles, rendant la défense adverse difficile.
- **Prise de décision ultra-rapide** : L'IA calcule en temps réel la meilleure trajectoire pour éviter les tirs tout en maximisant ses chances d'engagement.
- **Endurance** : Contrairement aux pilotes humains, le système autonome ne subit pas la fatigue et peut maintenir un haut niveau de performance en continu.

Limites

- **Dépendance aux données d'entraînement** : L'efficacité de l'IA dépend fortement de la diversité des scénarios de combat utilisés lors de son entraînement.
- **Manque d'adaptabilité en conditions inconnues** : Face à des tactiques nouvelles, l'IA peut montrer des lacunes en matière de prise de décision.
- **Problèmes éthiques et réglement aires** : L'autonomie totale dans l'engagement d'armes pose des défis en matière de contrôle et de responsabilité.

Perspectives

L'essor des systèmes de combat aérien autonomes, bien qu'impressionnant, ouvre un vaste champ de développement pour affiner leur performance, leur adaptabilité et leur intégration opérationnelle. Les recherches menées jusqu'à présent, qu'elles soient issues de laboratoires militaires (DARPA, AlphaDogfight Trials) ou académiques (TU Delft, Harfang3D), mettent en lumière des leviers d'amélioration à explorer.

Pour améliorer ces systèmes, plusieurs axes de recherche sont à explorer :

- **Apprentissage adaptatif** : Développer des IA capables d'apprendre et de s'adapter en temps réel face à de nouvelles tactiques.
- **Collaboration humain-machine** : Intégrer l'IA en tant qu'assistant intelligent du pilote plutôt qu'en tant que remplaçant.
- **Optimisation des capteurs et de la communication** : Améliorer la fusion des données pour une meilleure perception de l'environnement tactique.

Étude de cas : Développement d'un agent autonome pour le combat aérien simulé (TU Delft)

CREATING A DOGFIGHT AGENT The design and implementation of a fully autonomous agent that can fly an airplane during a one-to-one dogfight.

Contexte et objectifs

Le projet s'inscrit dans un contexte où la complexité des aéronefs modernes dépasse progressivement les limites humaines en termes de perception, de charge mentale et de temps de réaction. Face à cette évolution, l'équipe de recherche a cherché à développer un agent entièrement autonome, capable non seulement de piloter un avion dans un simulateur (Microsoft Combat Flight Simulator), mais aussi d'adopter des comportements tactiques réalistes lors de dogfights.

L'objectif principal était triple :

- Percevoir et interpréter les données de l'environnement (positions, vitesses, angles, cap ennemi, etc.).

- Décider de la meilleure action stratégique (attaque, esquive, poursuite, retrait).
- Agir rapidement via des commandes de vol précises, en maintenant stabilité et efficacité.

Architecture fonctionnelle et méthodologie

L'architecture de l'agent repose sur une structure modulaire, organisée en quatre couches principales :

1. **Collecte des données** : Interface de communication avec le simulateur pour récupérer en temps réel les variables de vol.

2. **Reconnaissance de situation** : Module de perception permettant de déterminer la configuration tactique (position relative, orientation de l'adversaire, état énergétique).

3. **Prise de décision** : Système expert combinant différentes techniques (arbres de décision, règles, états finis) pour choisir la manœuvre optimale.

4. **Exécution** : Traduction des décisions en commandes de vol précises et fluides.

Plusieurs techniques d'IA ont été utilisées :

- **Machines à états finis**, pour représenter les différentes phases d'un dogfight (attaque, défense, poursuite…).

- **Systèmes à règles**, définissant les comportements à adopter dans des situations spécifiques.

- **Arbres de décision**, pour sélectionner les trajectoires en fonction de l'état du combat.

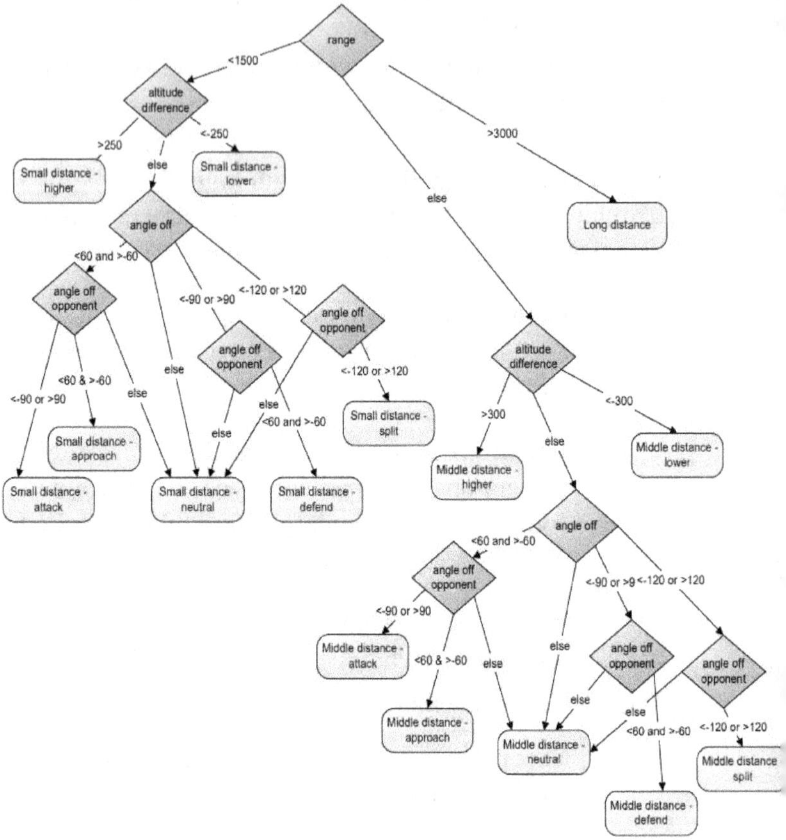

Figure 1: Arbre de décision pour la reconnaissance de positions

- **Apprentissage supervisé**, à partir de données de vols humains, pour calibrer certaines réponses comportementales.

Résultats expérimentaux

L'agent a été confronté à différents scénarios dans l'environnement du simulateur, avec des résultats encourageants :

- En vol stable (ligne droite, maintien de vitesse et cap), l'agent atteint un haut niveau de fiabilité.

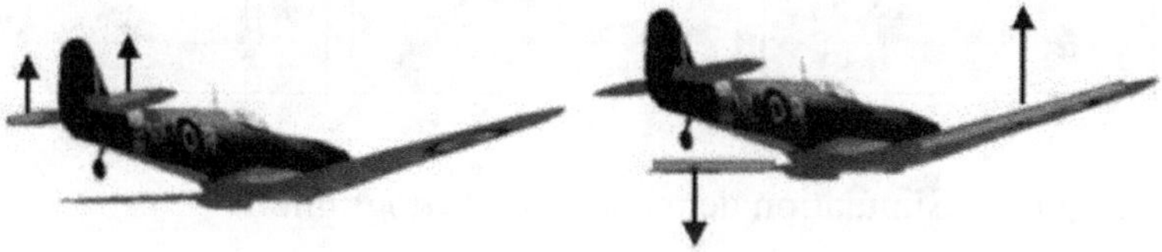

Figure 2: Stabilisation de l'avion en vol rectiligne

- Lors de manœuvres d'évitement, il a montré une réactivité satisfaisante, en particulier pour les virages serrés ou les chutes rapides.
- En combat simulé contre des agents ou des pilotes humains, le système a su tenir tête et parfois dominer, grâce à une anticipation correcte des trajectoires ennemies.

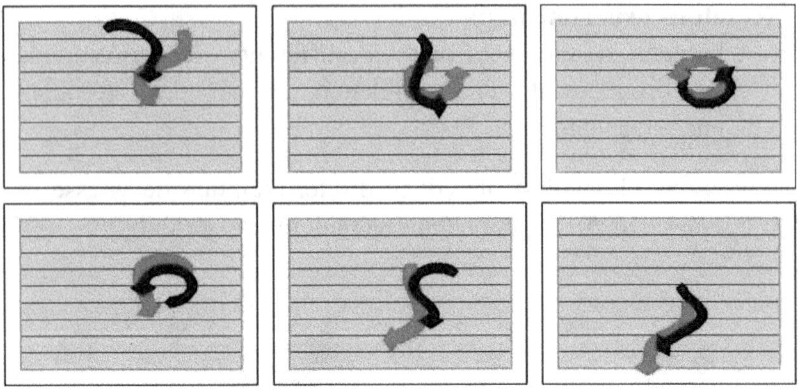

Figure 3: Simulation de manœuvre de dogfight

Toutefois, certaines limites ont été identifiées :

- L'agent manquait de souplesse face à des stratégies adverses inattendues, révélant un besoin de généralisation plus fort.
- La gestion énergétique (perte de vitesse en virage, montée excessive) n'était pas toujours optimale, réduisant l'efficacité à long terme dans le combat.

Perspectives d'amélioration

À partir de cette étude, plusieurs axes d'amélioration ont été dégagés :

- Intégration de modèles probabilistes pour mieux anticiper les intentions ennemies.
- Remplacement des systèmes à règles rigides par des réseaux neuronaux entraînés dynamiquement, capables d'apprendre et d'adapter les stratégies en temps réel.
- Développement de capacités collaboratives, permettant à plusieurs agents autonomes de

communiquer et de combattre en formation (combat d'équipe).

Apport à la recherche actuelle

Malgré son élaboration sur un simulateur vieillissant, ce projet constitue une étape cruciale dans le passage vers des intelligences artificielles indépendantes aptes à gérer des affrontements complexes. Cela a servi à formaliser des problématiques qui demeurent pertinentes :

- Comment structurer la chaîne perception–décision–action ?
- Quelles sont les limites de l'approche par règles ?
- Comment tester la performance dans des contextes évolutifs ?

Aujourd'hui, ces réflexions sont approfondies par des méthodes plus sophistiquées, telles que l'apprentissage par renforcement profond ou les systèmes d'apprentissage par imitation, qui visent à cibler précisément les lacunes révélées dans cette recherche.

Étude de cas : Simuler un comportement humain réaliste avec un pilote IA autonome (TU Delft, Projet ICE)

Un autre projet mené à l'Université de Technologie de Delft, intitulé *"Implementing a Dogfight Artificial Pilot"*, s'inscrit dans la continuité des efforts visant à concevoir des IA capables de reproduire les compétences humaines en combat aérien rapproché. Cette recherche s'est concentrée sur la modélisation comportementale du pilote, en tenant compte de la complexité croissante des aéronefs et de la charge cognitive imposée aux opérateurs humains.

Contexte et motivation

Dans les avions de chasse modernes, le flux d'informations à traiter devient si dense qu'il limite les capacités humaines à maintenir une conscience situationnelle complète, surtout en combat. Le projet ICE (Intelligent Cockpit Environment) visait ainsi à déléguer certaines fonctions décisionnelles à une IA, non pas pour remplacer le pilote, mais pour l'assister de manière cohérente et réaliste dans des situations dynamiques.

Le but du projet était de développer un agent autonome capable d'imiter les décisions humaines dans un simulateur de combat aérien, avec un comportement tactique crédible et adaptable, à travers une approche cognitivo-comportementale.

Modélisation du comportement du pilote

Le cœur de la méthodologie repose sur le modèle de Rasmussen, qui distingue trois niveaux de prise de décision :

1. **Skill-based (réflexes)** : Réactions immédiates et automatiques à des stimuli.
2. **Rule-based (procédures)** : Application de schémas connus et préétablis.
3. **Knowledge-based (raisonnement)** : Réflexion consciente en situation inconnue.

Cette classification a servi de base pour structurer la logique interne du bot, afin d'enrichir ses décisions contextuelles et lui permettre d'alterner entre automatisme, règles, et raisonnement plus poussé, en fonction de la situation de combat.

Processus décisionnel du bot

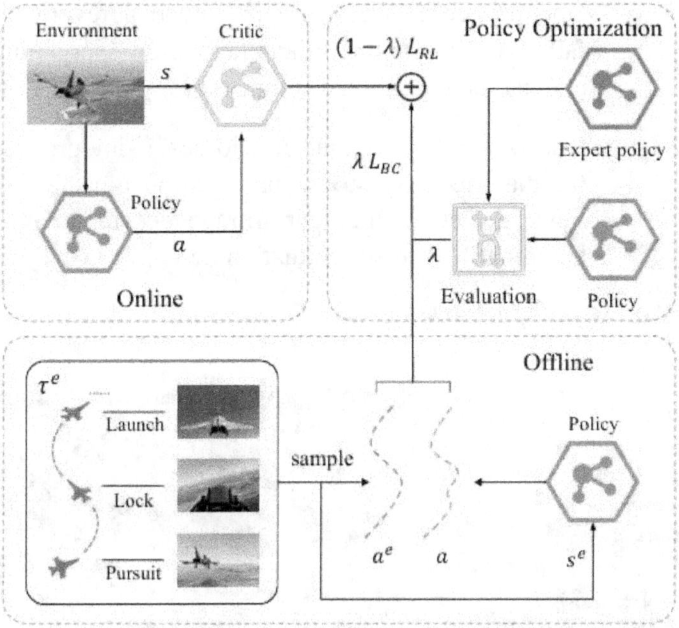

Figure 4: The proposed learning frmaework for dogfight

Le bot devait remplir trois fonctions clés :

- **Analyse de situation** : Calcul en temps réel de la position relative de l'adversaire, de l'altitude, de la vitesse et des distances critiques.
- **Choix de manœuvre** : Sélection d'une action adaptée (attaque frontale, virage serré, évitement vertical…) selon un arbre de décision enrichi.
- **Exécution** : Génération et suivi d'une trajectoire viable, tenant compte des limites mécaniques de l'appareil (accélération, portance, virages).

Développement, tests et itérations

Le développement du système a connu plusieurs phases :

- Une première version de prototype a révélé des faiblesses, notamment dans la gestion énergétique et dans l'anticipation des trajectoires ennemies.
- Une seconde version améliorée a intégré des **boucles de rétroaction**, une gestion plus fine de l'énergie, et un meilleur filtrage des manœuvres incompatibles avec la situation de vol.

Résultats et perspectives

Figure 5: Simulation of an aircraft for dogfight.

Dogfight is an air to air combat game, created in Python 3 using the HARFANG 3D framework

Les tests en simulation ont montré des progrès significatifs dans la capacité du bot à se comporter de manière réaliste et tactique :

- Meilleure réactivité face à un adversaire poursuivant.

- Gestion plus fluide des transitions entre phases de combat.
- Réduction des comportements "artificiels" grâce à l'intégration du modèle cognitif.

Cependant, plusieurs pistes d'amélioration restent ouvertes :

- **Optimisation énergétique** : Intégrer une gestion dynamique de l'énergie disponible pour éviter les pertes d'altitude ou de vitesse.
- **Reconnaissance avancée** : Développer des modules prédictifs pour anticiper les intentions de l'ennemi.
- **Combat collaboratif** : Étendre l'agent à des scénarios de combat multi-appareils avec coordination entre plusieurs IA.

Apports à la recherche actuelle

Cette étude démontre qu'une modélisation comportementale hiérarchique peut rendre un pilote IA plus crédible dans sa prise de décision. Contrairement aux simples systèmes à règles, le recours à des modèles cognitifs permet une adaptation plus naturelle face à des contextes variables.

Elle illustre également une tendance importante dans les perspectives actuelles : imiter l'humain pour mieux coopérer avec lui, plutôt que chercher à tout prix à le remplacer. Ces principes sont au cœur des recherches contemporaines sur les cockpits intelligents et les interactions hommemachine en combat

Étude de cas : AlphaDogfight Trials – Accélérer l'autonomie par la compétition (DARPA)

L'un des projets les plus emblématiques du développement de systèmes autonomes pour le combat aérien est sans doute le programme AlphaDogfight Trials (ADT), piloté par la DARPA en amont de son initiative plus large, Air Combat

Evolution (ACE). Ce programme a introduit une approche inédite : faire progresser l'intelligence artificielle non seulement par la recherche académique ou industrielle, mais via un cadre compétitif rigoureux et public.

Objectifs stratégiques

Les AlphaDogfight Trials poursuivaient trois objectifs principaux :

1. **Tester la faisabilité** : Déterminer si des agents IA pouvaient apprendre à mener des combats aériens rapprochés, en assimilant des stratégies offensives et défensives complexes.

2. **Favoriser l'innovation ouverte** : Inclure des acteurs variés, y compris des startups et des laboratoires non traditionnels, pour injecter des approches algorithmiques diversifiées.

3. **Accélérer la maturation technologique** : Utiliser un format de compétitions progressives, pour stimuler l'amélioration rapide des performances.

Un environnement de simulation avancé

Pour mener ces évaluations, l'Applied Physics Laboratory (APL) de Johns Hopkins a mis en place une infrastructure de simulation complète :

- **Coliseum** : Un environnement basé sur JSBSim, capable de reproduire les dynamiques de vol réalistes des chasseurs.

- **CesiumJS & ACE Viewer** : Outils de visualisation tactique et trajectorielle permettant de suivre les combats en temps réel.

- **Support VR** : Un module de réalité virtuelle immersif pour permettre à des pilotes humains de se confronter aux IA dans un espace interactif.

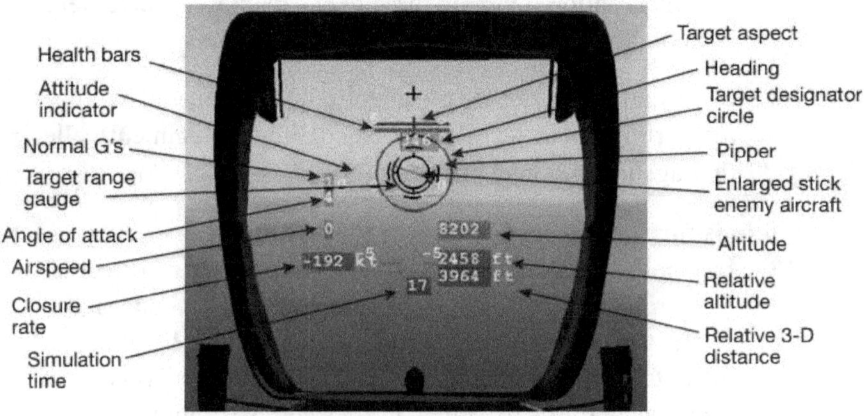

Figure 6: Annotated image of the ADT 3 heads-up display. The information displayed to the pilot is labelled

Cette configuration a permis de confronter les IA à des environnements évolutifs, riches en données, tout en maintenant un cadre d'observation rigoureux pour les juges, spectateurs et chercheurs.

Développement progressif des agents IA

Les équipes en compétition ont produit une diversité d'agents, selon leur niveau de complexité :

- **Agents rudimentaires** : Simplement capables de voler et de suivre des cibles.

- **Agents PID** : Contrôleurs utilisant des algorithmes classiques de stabilisation.

- **Agents scriptés** : Manœuvres encodées selon des scénarios définis.
- **Agents autonomes par renforcement** : Entraînés via apprentissage par renforcement profond, sans intervention humaine directe, et capables d'ajuster leurs comportements en fonction des adversaires.

C'est dans cette dernière catégorie que se sont démarquées les performances les plus spectaculaires, notamment celles de l'agent développé par Heron Systems.

Temps fort : ADT 3 – L'IA bat le pilote humain

La finale du programme, ADT 3, a été diffusée en direct, et a marqué un tournant symbolique. L'agent de Heron Systems, entraîné via deep reinforcement learning, a affronté un ancien pilote de chasse de l'US Air Force… et l'a battu cinq fois de suite dans des combats rapprochés.

Points forts

- Vitesse de réaction surhumaine.
- Exécution de manœuvres complexes, voire non conventionnelles.
- Analyse adaptative de la position adverse et des trajectoires de tir. Ce succès a permis de prouver, pour la première fois à grande échelle, qu'une IA pouvait surpasser un pilote humain expérimenté dans un contexte tactique aérien.

Résultats et impacts

- **Validation technique** : Oui, une IA peut apprendre à dominer un humain dans un dogfight.
- **Validation méthodologique** : La compétition accélère le progrès, tout en assurant une **transparence**

scientifique et une publicité médiatique (plus de 440 000 vues).

- **Validation stratégique** : Le succès des ADT a posé les bases d'un basculement vers l'autonomie dans l'aviation de combat.

Perspectives d'exploitation

Le programme a débouché sur plusieurs pistes concrètes pour la suite :

- Intégration de systèmes autonomes dans des plateformes de combat réelles (UCAVs, chasseurs pilotés).
- Développement de copilotes IA pour assister les humains dans les manœuvres complexes à haute vitesse.
- Utilisation de compétitions en simulation comme levier de recherche militaire, combinant rigueur expérimentale et rapidité d'itération.

Apport à la recherche sur les IA autonomes

Les AlphaDogfight Trials sont un cas d'école qui démontre que :

- L'autonomie fonctionne déjà, au moins en simulation.
- L'apprentissage par renforcement produit des comportements tactiques crédibles et efficaces.
- Le recours à des compétitions structurées accélère la maturation des technologies d'IA, tout en exposant leurs limites.

Ils illustrent également une transition importante de l'assistance humaine vers l'indépendance tactique de l'IA, avec un encadrement éthique et doctrinal à construire.

Implications éthiques et stratégiques de l'IA dans le combat aérien

Enjeux éthiques

L'intégration de l'intelligence artificielle dans les systèmes de combat aérien soulève des questions éthiques complexes. L'une des principales préoccupations concerne l'autonomie décisionnelle des systèmes d'armes. La capacité d'une IA à prendre des décisions létales sans intervention humaine pose des défis en matière de responsabilité et de contrôle. Il est crucial de définir des cadres éthiques et juridiques pour encadrer l'utilisation de ces technologies, afin de garantir qu'elles soient utilisées de manière responsable et conforme aux normes internationales.

Considérations stratégiques

Sur le plan stratégique, l'adoption de l'IA dans le combat aérien pourrait redéfinir les équilibres de puissance entre les nations. Les pays disposant de technologies avancées en IA pourraient obtenir un avantage significatif en termes de capacités opérationnelles. Cependant, cela pourrait également entraîner une course aux armements technologiques, avec des risques accrus de conflits asymétriques. Il est donc essentiel de promouvoir une coopération internationale pour réguler et maîtriser le développement de ces technologies.

Collaboration humain-machine

Une approche prometteuse pour intégrer l'IA dans le combat aérien est la collaboration humainmachine. Plutôt que de remplacer complètement les pilotes humains, l'IA pourrait servir de copilote intelligent, assistant les humains dans la prise de décision et l'exécution des manœuvres complexes. Cette collaboration pourrait améliorer la performance globale tout en maintenant un contrôle humain sur les décisions critiques.

Défis technologiques
Bien que les avancées en IA soient impressionnantes, plusieurs défis technologiques subsistent. L'un des principaux est la robustesse des systèmes d'IA face à des situations imprévues ou des attaques adverses. Les systèmes doivent être capables de s'adapter rapidement et de manière fiable à des environnements dynamiques et incertains. De plus, la sécurité des systèmes d'IA contre les cyberattaques est un enjeu crucial pour garantir leur fiabilité en situation de combat.

Perspectives
Les perspectives de l'IA dans le combat aérien incluent le développement de systèmes encore plus autonomes et adaptatifs. Les recherches en cours explorent des techniques d'apprentissage continu, permettant aux systèmes d'IA d'apprendre et de s'améliorer en temps réel. De plus, l'intégration de l'IA dans des réseaux de communication avancés pourrait permettre une coordination plus efficace entre plusieurs appareils autonomes, ouvrant la voie à des opérations de combat collaboratives.

Conclusion

L'intégration de l'intelligence artificielle dans le combat aérien rapproché représente une avancée technologique majeure, capable de redéfinir les normes de performance et de stratégie dans l'aviation militaire. Les résultats issus du programme AlphaDogfight Trials ont démontré qu'un agent IA entraîné par apprentissage par renforcement profond pouvait surpasser un pilote humain expérimenté, en exécutant des manœuvres optimisées avec une réactivité inégalable.

Des travaux universitaires, comme ceux menés à la TU Delft, ont permis d'explorer différentes architectures décisionnelles (arbres de décision, systèmes à règles, modélisation cognitive) dans des environnements simulés, révélant la faisabilité d'un pilote autonome crédible, mais aussi ses limites face à des scénarios imprévus. En parallèle, des approches plus récentes, telles que le cadre d'apprentissage par imitation et renforcement, ont apporté une robustesse accrue, en combinant flexibilité adaptative et efficacité opérationnelle.

Malgré ces progrès notables, plusieurs défis restent à relever : la généralisation des performances en conditions réelles, la gestion des comportements non anticipés, et surtout les implications éthiques liées à l'autonomie dans l'emploi de la force. Dans ce contexte, la perspective d'un pilotage hybride — alliant intelligence humaine et capacités d'analyse de l'IA — apparaît comme une voie pragmatique et responsable.

Le dogfight autonome n'est plus un concept théorique : il s'inscrit désormais au cœur des réflexions sur la supériorité militaire de demain. Reste à encadrer son développement avec rigueur, afin d'en maîtriser pleinement les enjeux techniques, stratégiques et humains.

Cette conclusion intègre une réflexion sur les implications éthiques et stratégiques de l'IA dans le combat aérien, soulignant l'importance d'une approche équilibrée pour maximiser les avantages tout en minimisant les risques.

CHAPITRE 6 : Et si l'IA pilotait nos fusées ?

Carla BROUILLON, Arthur HERVOCHON, Sara ICARRE

Introduction

L'intelligence artificielle (IA) est aujourd'hui au cœur des grandes révolutions technologiques. Elle s'immisce progressivement dans notre quotidien, dans nos véhicules, nos maisons, nos outils professionnels. Mais une question plus ambitieuse se pose : et si demain, l'IA pilotait nos fusées ?

Alors que les rêves d'exploration interplanétaire deviennent de plus en plus concrets, l'humanité se heurte à des défis colossaux : distances vertigineuses, conditions extrêmes, incertitudes multiples… L'IA pourrait-elle être l'alliée indispensable pour nous mener vers d'autres mondes ? Ce papier explore la place croissante de l'intelligence artificielle dans le domaine spatial et les implications d'un futur où elle serait aux commandes de nos missions les plus ambitieuses.

1. Histoire

Depuis des siècles, l'homme cherche à comprendre l'univers qui l'entoure. Du télescope de Galilée aux sondes interplanétaires, chaque avancée technique a repoussé les frontières du possible. Le 19 octobre 1899 marque un tournant, avec la naissance de Robert Goddard, pionnier de l'astronautique, qui consacra sa vie à concevoir des fusées plus performantes.

De la propulsion à poudre à la propulsion liquide, des lance-roquettes militaires aux premières capsules habitées, l'histoire des fusées est celle d'une quête : atteindre l'inaccessible. Aujourd'hui, cette quête prend une nouvelle dimension, portée par une ambition : quitter le système solaire, connecter des mondes, et peut-être… découvrir que nous ne sommes pas seuls.

2. Aujourd'hui et dans le futur

2.1 Les systèmes embarqués actuels

L'autopilotage existe déjà dans l'aérospatial. Mais il est aujourd'hui cantonné à des tâches de stabilisation (gestion du tangage, roulis…). Le pilotage autonome intégral reste un objectif lointain.
Les ordinateurs de bord actuels sont confrontés à plusieurs limites majeures :

- Puissance de calcul limitée
- Résistance aux conditions extrêmes (chocs, radiations, températures)
- Sécurité des données (risques de rétro-ingénierie et d'interception)

2.2 L'IA comme copilote intelligent

L'intégration de l'IA permettrait de franchir un cap décisif. On pourrait envisager un ordinateur central embarqué, capable de :

- Reconnaissance d'image en temps réel (caméras 360°)
- Analyse des données de capteurs (vitesse, inclinaison, rayonnement)
- Calcul autonome de trajectoires en fonction des obstacles spatiaux

- Gestion des rétro propulseurs et RCS pour l'arrimage ou l'atterrissage

- Systèmes d'alerte en cas de situation non gérable par l'IA

- Réveil anticipé de l'équipage avant l'arrivée

Une telle IA pourrait faire du vaisseau une entité autonome, capable de s'adapter aux imprévus sans intervention humaine immédiate.

3. Le vaisseau du futur

3.1 Un monstre de technologie

Imaginons un vaisseau spatial de 1 km de long, pesant plus de 2 000 tonnes, assemblé directement en orbite. Pour propulser une telle masse, les moteurs chimiques actuels seraient remplacés par une propulsion à plasma, utilisant le xénon comme carburant, permettant une réduction significative de la charge de carburant.

À bord, une IA embarquerait des milliards de données, avec une puissance de calcul phénoménale, pour faire face à toutes sortes de scénarios : anomalies techniques, navigation, santé de l'équipage, environnement spatial…

3.2 Un défi d'ingénierie

L'ergonomie du vaisseau devrait permettre une autonomie totale. L'IA devrait pouvoir :

- Diagnostiquer et réparer les systèmes critiques

- Gérer les ressources à bord (énergie, oxygène, eau)

- Adapter les plans de mission en temps réel

Mais un tel niveau d'autonomie soulève aussi des enjeux éthiques et philosophiques…

4. Une révolution aux implications majeures

4.1 Une autonomie qui pose question

Laisser une IA piloter une fusée signifie accepter qu'en cas de crise, elle prenne seule des décisions vitales. Peut-on lui faire confiance ? Qui sera responsable en cas d'échec ? Le concepteur ? Le programmeur ? L'équipage qui a laissé faire ?

4.2 Quel rôle pour l'humain ?

Si l'IA gère tout, que reste-t-il à l'astronaute ? Serait-il réduit au rang de passager ? Peut-on encore parler d'exploration humaine si tout est planifié et exécuté par la machine ? Une telle dépendance risquerait-elle d'affaiblir notre esprit d'adaptation ?

4.3 Un coût écologique à ne pas négliger

Construire un vaisseau géant, lancer des tonnes de matériaux en orbite, exploiter des ressources rares comme le xénon... Tout cela a un coût écologique. L'espace risque-t-il de devenir un nouveau terrain de pollution et de compétition industrielle ?

5. Nos fusées ne sont pas déjà assez sûres ?

En réalité, les fusées sont probablement le moyen de transport le plus sûr que nous ayons jamais créé. La question ici est de pouvoir aider les pilotes et leur rendre la tâche plus simple mais aussi d'allonger la durée des voyages possibles. Effectivement, si nous, humains, sommes congelés ou endormis pour un voyage de plusieurs dizaines d'années, qui pilotera la fusée en cas de problèmes ? L'IA pourrait répondre à ce besoin.

6. Constats et enjeux de ce qui existe déjà dans nos fusées

Dans le contexte actuel de la conquête spatiale et de la multiplication des missions automatisées, les exigences concernant les systèmes embarqués sont de plus en plus élevées. Ces systèmes doivent conjuguer **robustesse, sécurité, fiabilité et performance**, dans un environnement particulièrement hostile.

6.1 Sécurité face au rétro-engineering et à l'interception de données

L'un des enjeux majeurs des systèmes embarqués est leur **vulnérabilité au rétro-engineering**. En cas de perte ou de capture d'un appareil, il est impératif que ses composants critiques ne puissent pas être démontés, analysés ou copiés facilement. De plus, l'**interception de données sensibles**, que ce soit lors des communications avec la Terre ou entre modules à bord, représente un risque stratégique et opérationnel important. Il est donc indispensable que toutes les **communications soient cryptées** à l'aide d'algorithmes robustes, et que les systèmes disposent de **mécanismes d'autodestruction logique ou physique** en cas de compromission.

6.2 Résistance aux conditions environnementales extrêmes

Les fusées évoluent dans un environnement extrême : **températures élevées et variables**, **chocs mécaniques importants** lors du décollage, **vibrations continues**, et **présence de champs électromagnétiques puissants**. Les systèmes embarqués doivent donc être conçus pour **résister à ces**

contraintes physiques sans compromettre leurs performances. Cela implique l'utilisation de composants renforcés, souvent issus du secteur militaire ou aérospatial, capables de fonctionner dans des plages de température très larges et soumis à des tests rigoureux de vibration et d'exposition électromagnétique.

6.3 Limitations de puissance de calcul à bord

Un autre obstacle important est la **limitation des capacités de calcul des ordinateurs de bord**. Les systèmes embarqués dans les fusées sont souvent contraints par le poids, la consommation énergétique et la dissipation thermique. Ainsi, intégrer une **intelligence artificielle avancée** dans ces conditions relève du défi technique : les modèles doivent être **optimisés** pour fonctionner avec peu de ressources, voire déployés sur des puces spécialisées comme des **TPU ou des FPGA**. Il est donc nécessaire de faire des compromis entre la **complexité des algorithmes** et leur **faisabilité en conditions réelles**.

6.4 Autopilotage limité à la stabilisation

Actuellement, l'**autopilotage dans les fusées** est principalement utilisé pour **la stabilisation en vol**, par exemple pour **contrer des variations de tangage, de roulis ou de lacet**. Cependant, la capacité à **planifier une trajectoire complexe de manière autonome** ou à **piloter activement la fusée** pour éviter des obstacles ou gérer des situations non prévues est encore très limitée, faute d'outils adaptés et de puissance de calcul suffisante.

7. Solution Envisagée : Une IA Autonome et Coopérative

Pour répondre à ces défis, une solution technologique innovante est envisagée : **un système de navigation autonome intelligent**, intégrant **une IA embarquée**, capable de fonctionner de manière

indépendante mais également **en collaboration avec l'équipage** humain lorsque nécessaire.

7.1 Ordinateur central intelligent et coopératif

Au cœur du dispositif se trouve un **ordinateur central capable de prise automatique de décision**. Celui-ci serait capable de fonctionner en **autonomie complète**, notamment en cas de perte de communication avec la Terre, tout en pouvant **collaborer activement avec un ou plusieurs pilotes** pour affiner ses décisions ou recevoir des instructions ponctuelles. Ce système repose sur une **architecture hybride** : un noyau d'IA opérant en local pour la prise de décision rapide, et des modules spécialisés pour le traitement des images, des données de capteurs, et la gestion de la propulsion.

7.2 Vision artificielle en temps réel

La fusée serait équipée d'un **ensemble de caméras placées à 360°** : à l'avant, à l'arrière, sur les côtés, en haut et en bas. Ces caméras fourniraient un **flux vidéo continu**, analysé en temps réel par l'IA pour détecter les objets spatiaux, les anomalies visuelles, ou encore les plateformes d'arrimage. Ce système de **vision artificielle** permettrait à la fusée de réagir instantanément à son environnement, notamment lors des **phases critiques comme l'atterrissage ou les manœuvres d'évitement**.

7.3 Mesure précise de la position et de l'orientation

La navigation autonome s'appuierait également sur une **panoplie de capteurs embarqués**, tels que des **accéléromètres, gyroscopes, capteurs d'altitude et de pression**, permettant de mesurer en continu la **vitesse, l'inclinaison, l'orientation** et la **position exacte** de la fusée. L'IA fusionnerait ces données avec les informations visuelles pour établir un **modèle dynamique de l'environnement** spatial et ajuster sa trajectoire en conséquence.

7.4 Système de gestion des risques embarqué

L'une des fonctions clés de cette IA serait la **gestion des risques en vol**. Grâce à une **base de données embarquée et à des modèles d'apprentissage**, elle pourrait **évaluer le niveau de danger d'un objet spatial** détecté, **anticiper les expositions aux rayonnements solaires**, et prendre les décisions nécessaires pour minimiser les risques pour l'équipage ou la mission. Cette capacité permettrait une **réactivité inégalée** face aux dangers potentiels, y compris ceux non identifiés a priori.

7.5 Calcul de trajectoire dynamique et gestion du carburant

La trajectoire de la fusée pourrait être recalculée **en temps réel** en fonction des **obstacles détectés**, des **zones à éviter** et des **conditions environnementales**. L'IA tiendrait compte également de la **gestion du carburant**, optimisant l'usage des propulseurs pour éviter des gaspillages ou des manœuvres inutiles. Le but est d'atteindre un niveau de **navigation prédictive**, où chaque action est calculée pour préserver les ressources tout en maximisant la sécurité.

7.6 Système d'atterrissage et d'arrimage autonome

Lors des phases de descente ou d'approche d'un module spatial, l'IA utiliserait à nouveau la **vision en temps réel**, couplée aux **systèmes de propulsion (RCS, rétro propulseurs)**, pour **ajuster la vitesse, l'orientation et la trajectoire** de manière précise. Ce système permettrait des **manœuvres complexes comme l'atterrissage sur une base lunaire ou l'arrimage à un vaisseau mère**, sans intervention humaine directe.

7.7 Système d'alerte et de réveil d'urgence

En cas de problème non gérable par l'IA – qu'il soit technique ou environnemental – un **système d'alarme embarqué** avertirait immédiatement les pilotes ou l'équipage. Ce système serait conçu pour **réveiller les passagers** en sommeil cryogénique ou en hibernation **entre 10 et 24 heures avant l'arrivée à destination**, afin qu'ils soient pleinement opérationnels pour la phase finale de la mission.

Conclusion

La fusion entre **systèmes embarqués robustes**, **IA de navigation intelligente**, **vision artificielle en flux continu**, et **prise de décision autonome** ouvre la voie à une **nouvelle génération de fusées autonomes**. Cette architecture hybride et coopérative permettrait de dépasser les limites actuelles de l'autopilotage, en intégrant des fonctions critiques de perception, de prédiction et d'action en temps réel. Elle constituerait une **avancée majeure** dans l'autonomisation des missions spatiales, tout en garantissant la sécurité des passagers, l'efficacité des trajets et la résilience des systèmes dans un univers aussi imprévisible que le vide spatial.

8. Le voyage spatial est-il le début de la fin ?

8.1 Un désir d'exploration sans limites

Depuis les premiers pas de l'humanité, une force invisible semble nous pousser à franchir l'inconnu. Nos ancêtres ont traversé des continents, des océans, puis les cieux, mus par une soif insatiable de découverte. Aujourd'hui, cette même impulsion nous tourne vers l'espace : la Lune hier, Mars demain, et au-delà peut-être un jour, Proxima Centauri.

La conquête spatiale ne se limite pas à une démonstration technologique ou géopolitique : elle est d'abord et avant tout une quête existentielle. Elle soulève une question essentielle et universelle : **jusqu'où pouvons-nous aller, et à quel prix ?** Qu'il s'agisse de prestige national, de survie de l'espèce, ou d'un simple besoin de comprendre notre place dans l'univers, cette ambition de repousser les limites nous définit profondément.

Ce désir de « toujours plus loin » semble presque inscrit dans notre ADN. Certains scientifiques parlent d'un **"gène de l'explorateur"**, ou *DRD4-7R*, une variante génétique qui favoriserait la prise de risque, la curiosité et le goût de l'aventure. Selon cette hypothèse, environ 20 % de la population mondiale serait porteuse de cette variation. Bien que controversée, cette idée trouve un écho dans notre histoire collective : des premières migrations humaines hors d'Afrique aux missions spatiales d'aujourd'hui, l'humanité semble sans cesse attirée par l'inconnu.

Les mystères de l'univers sont vastes et captivants. Chaque nouvelle mission, chaque image transmise depuis un satellite ou un rover, chaque grain de poussière lunaire ou martien analysé, nous rapproche d'une vérité plus grande que nous. Et pourtant, plus nous découvrons, plus nous réalisons à quel point nous savons peu. Ce paradoxe alimente une boucle sans fin : **chaque réponse suscite dix nouvelles questions.**

Mais que cherche-t-on vraiment ? Une nouvelle Terre ? Une preuve que nous ne sommes pas seuls ? Ou simplement un miroir pour mieux comprendre qui nous sommes ? Derrière les fusées, les robots et les calculs, il y a une motivation profondément humaine : **la quête de sens.**

Des personnalités comme Carl Sagan, Stephen Hawking ou Elon Musk l'ont exprimé de manières différentes, mais toutes rejoignent une même vision : **l'humanité est appelée à devenir une espèce multi planétaire**. Non seulement pour assurer sa survie à long terme face aux menaces globales (catastrophes naturelles, guerres, pandémies, dérèglements climatiques…), mais aussi pour accomplir une forme de destin cosmique.

Comme l'a dit Konstantin Tsiolkovski, pionnier de l'astronautique russe : *"La Terre est le berceau de l'humanité, mais on ne passe pas sa vie entière dans un berceau."*

Mais cette ambition soulève aussi des inquiétudes. Le voyage spatial est-il une fuite en avant ? Une promesse d'évasion pour quelques-uns, pendant que la majorité reste confrontée aux défis terrestres ? Et si nous parvenions à quitter la Terre, serions-nous vraiment satisfaits ? Ou bien continuerions-nous à courir, toujours plus loin, repoussant sans fin l'horizon de notre insatisfaction ?

En définitive, la conquête spatiale n'est peut-être pas uniquement une aventure scientifique ou technologique. **Elle est d'abord une aventure profondément humaine.** Un reflet de notre besoin de comprendre, de rêver, d'oser – même si cela implique de grands risques. Et si cette exploration est sans limites, c'est parce qu'elle naît d'un moteur tout aussi infini : notre imagination.

8.2 Les défis du voyage spatial longue durée

Si rêver de mondes lointains est un élan naturel, y parvenir s'avère infiniment plus complexe. L'exploration spatiale à long terme – vers Mars, les lunes de Jupiter ou même au-delà – représente un **défi colossal à tous les niveaux** : physique, technologique, psychologique et logistique. La science-fiction nous a souvent donné l'illusion d'une conquête fluide de l'univers. La réalité, elle, est bien plus rude.

a) Distance et durée : la patience de l'infini

L'espace est vaste. À titre d'exemple, atteindre Mars prend environ 6 à 9 mois avec les technologies actuelles, selon l'alignement des planètes. Un aller-retour vers la planète rouge pourrait ainsi durer **jusqu'à 3 ans**. Voyager plus loin, vers les lunes de Jupiter ou Saturne, se compte en **années**, voire **décennies**.

Ces durées impliquent non seulement une logistique titanesque, mais aussi une **préparation mentale et physique extrême** pour les astronautes. Le corps humain n'est pas fait pour l'apesanteur prolongée : perte de masse musculaire, fragilisation des os, troubles circulatoires… sans parler des effets psychologiques de l'isolement et du confinement extrême. Une mission vers Mars serait déjà un défi comparable à une expédition en Antarctique… mais sans possibilité de retour rapide, ni assistance immédiate.

b) Survie de l'équipage : l'autonomie comme impératif

Un des enjeux majeurs d'un vol spatial longue durée est l'autonomie. Les astronautes devront **produire leur propre nourriture**, **gérer leurs déchets**, **recycler l'eau et l'air**, et surtout faire face à toute **urgence médicale ou technique** sans aide directe de la Terre.

Le système MELiSSA de l'ESA ou les travaux de la NASA sur les **écosystèmes en boucle fermée** vont dans ce sens : créer des environnements où chaque ressource est réutilisée au maximum, comme dans une mini-biosphère. Mais ces technologies, bien qu'en progrès, restent expérimentales.

Et que faire en cas de panne majeure ? De maladie ? De mutinerie ou de désaccord dans un groupe enfermé durant plusieurs années ? Autant de scénarios qui exigent des systèmes de gestion d'urgence robustes… ou de déléguer la charge à des intelligences artificielles.

c) *Limites technologiques : propulsion, maintenance, communication*

Malgré les avancées spectaculaires en aérospatiale, les vaisseaux actuels restent **très dépendants du carburant chimique**, peu efficace pour les longues distances. De nouvelles pistes émergent – propulsion ionique, voile solaire, propulsion à plasma ou à fusion – mais elles en sont encore aux phases de test ou de simulation.

À cela s'ajoutent les problèmes de **maintenance** : comment réparer un système vital à des millions de kilomètres de toute aide ? Imprimer une pièce en 3D dans l'espace ? Cloner un composant électronique ? Chaque solution envisagée soulève de nouvelles questions.

Et enfin, la **communication** : un signal met environ 20 minutes à faire l'aller-retour entre Mars et la Terre. En cas d'urgence, cette latence est critique. Impossible de piloter à distance ou de prendre des décisions en temps réel. C'est ici que l'idée d'une **IA embarquée** autonome prend tout son sens…

d) *L'intelligence artificielle : solution miracle ou pari risqué ?*

Imaginer un vaisseau géré entièrement par une IA n'est plus de la science-fiction. Les systèmes comme **HAL dans *2001, l'Odyssée de l'espace*** (bien qu'inquiétants) ou les IA conversationnelles actuelles posent une vraie question : une **machine pourrait-elle assurer seule la navigation, la gestion des ressources, la santé de l'équipage, et prendre des décisions critiques ?**

Des algorithmes d'IA, couplés à des capteurs et à des systèmes robotiques, pourraient assurer une surveillance constante, corriger des erreurs humaines, voire **anticiper les problèmes avant qu'ils ne surviennent**. Mais cela pose des **problèmes**

éthiques et de confiance, que nous aborderons dans la prochaine section.

8.3 Une révolution aux implications majeures

Le voyage spatial longue durée ne représente pas seulement une prouesse technique : il amorce une **transformation radicale de notre rapport au cosmos, à la technologie, et à nous-mêmes**. Au fur et à mesure que l'intelligence artificielle prend une place centrale dans ces missions, une question cruciale émerge : **sommes-nous prêts à céder une part de contrôle à des machines ?** Et surtout, à quel prix ?

a) Un défi éthique : laisser une machine décider ?

Dans un vaisseau autonome, piloté par une intelligence artificielle, les décisions ne dépendent plus uniquement de l'humain. Maintenance, navigation, gestion de l'oxygène, diagnostics médicaux : **l'IA pourrait, en théorie, tout gérer**. Mais que se passe-t-il si une erreur survient ? Ou si des choix cruciaux doivent être faits – par exemple, sauver un membre d'équipage au détriment d'un autre ?

Peut-on **confier la vie humaine à une machine**, même programmée avec soin ? L'éthique rejoint ici la technique. L'IA peut-elle intégrer des principes moraux ? Peut-elle « comprendre » la nuance, le contexte, l'intention humaine ? Dans un cadre aussi extrême que l'espace, une mauvaise décision pourrait être fatale.

Et en cas de catastrophe, **qui porte la responsabilité** ? Le concepteur de l'IA ? L'agence spatiale ? L'équipage ?

Ce vide juridique et moral est encore largement inexploité, et il devient urgent de le combler avant tout déploiement à grande échelle.

b) *Un impact social : quel avenir pour l'humain dans l'espace ?*

Si les machines gèrent tout, **quel rôle reste-t-il à l'homme ?** L'astronaute de demain sera-t-il un passager, un superviseur, ou un simple témoin ? La conquête spatiale, qui fut autrefois le symbole de la bravoure humaine, risque-t-elle de devenir une **aventure essentiellement technologique** ?

Ce glissement interroge notre vision du progrès. Faut-il sacrifier l'humain pour l'efficacité ? Ou au contraire, devons-nous veiller à ce que l'exploration reste **une entreprise profondément humaine**, où l'intuition, l'émotion et la solidarité ont encore leur place ?

De plus, une **dépendance totale à l'IA** pourrait à terme affaiblir notre capacité à improviser, à faire face à l'inattendu, à nous adapter. L'espace est imprévisible. L'humain l'est aussi. Et c'est peut-être cette imprévisibilité – cette créativité – qui fait notre force.

c) *Un coût environnemental et énergétique colossal*

Au-delà des considérations morales et sociales, la conquête spatiale pose un défi **écologique majeur**. Chaque lancement mobilise des ressources immenses. Mettre un vaisseau de 2000 tonnes en orbite – taille envisagée pour les premières missions interstellaires – représenterait une dépense énergétique astronomique, sans parler de l'empreinte carbone.

Des alternatives comme la **propulsion à plasma**, les **moteurs à fusion** ou les **voiles solaires** sont prometteuses, mais encore loin d'être opérationnelles à grande échelle. Et surtout, sont-elles véritablement **durables** ?

L'espace lui-même commence à souffrir de notre présence. Les débris spatiaux s'accumulent en orbite terrestre, formant une véritable ceinture de déchets. Ce phénomène, appelé **syndrome de Kessler**, pourrait un jour rendre certaines orbites inutilisables, piégeant même nos satellites et nos futurs vaisseaux.

Pire encore, si nous exportons notre logique extractiviste au-delà de la Terre – exploitation minière sur la Lune, sur Mars ou sur des astéroïdes –, risquons-nous de **répéter les erreurs du passé**, en transformant l'espace en nouveau terrain de pillage et de pollution ?

Conclusion

L'intelligence artificielle pourrait bien être la clé de notre avenir spatial. Elle offrirait des réponses aux défis du voyage longue distance, améliorerait la sécurité et ouvrirait la voie à des explorations jusque-là inimaginables.
Mais cette révolution technologique ne pourra se faire sans une réflexion éthique profonde, une responsabilisation claire et une volonté de préserver le rôle de l'humain dans cette aventure.

Et si l'IA pilotait nos fusées ? Ce n'est peut-être pas une question de « si », mais de « quand ». Et surtout : sommes-nous prêts ?

CHAPITRE 7 : L'Univers est Big...Big Data !

Daniela PESCHARD

Le domaine de l'astrophysique est entré définitivement dans l'ère du Big Data. En l'espace de 30 ans, la communauté dédiée à la recherche passe de quelques données isolées, pour un nombre réduit d'objets astrophysiques, à des mesures couvrant une grande partie du spectre électromagnétique pour des millions, voire des billions de galaxies, grâce aux observations du champ profond, notamment celles apportées par le télescope spatial Hubble.

À cause de cette transition, la manière dont on extrait et interprète l'information astrophysique a évolué vertigineusement en vue de la quantité massive des données collectées : télescopes au sol ou placés dans l'espace, rangées de radiotélescopes, sondes exploratrices, engins explorant la surface de Mars, ou se posant sur des comètes, etc. Pour traiter et analyser le raz-de-marée d'information, les scientifiques doivent impérativement s'appuyer sur l'utilisation d'algorithmes d'IA et des réseaux de neurones, afin de surmonter l'immense challenge qu'une telle abondance de données impose.

Avec les missions spatiales Kepler, Cheops et les futures à venir, la recherche d'exoplanètes acquiert un essor extraordinaire. L'IA devient incontournable dans ce domaine, car les méthodes traditionnelles et manuelles d'autrefois sont impossibles à appliquer pour traiter efficacement l'avalanche d'information stockée ou circulant dans le cloud. Chaque jour des nouvelles techniques se développent avec l'émergence des algorithmes de Deep Learning (apprentissage profond) et des réseaux de neurones sont entraînés afin de découvrir des phénomènes nouveaux.

L'IA nous prête main-forte pour rendre visibles les phénomènes invisibles ou inaccessibles dans certaines régions de l'espace, remplies de nuages de gaz, ou dans l'analyse d'éléments chimiques présents dans les spectres atmosphériques de planètes très lointaines.

1. IA... Téléphone... Et

Depuis 1960, un vaste nombre de scientifiques s'est réuni autour des projets au nom de l'organisation Search for Extra-Terrestrial Intelligence (SETI), dont l'objectif est de détecter des preuves de vie sur d'autres mondes. Ces premiers programmes scientifiques ont couvert le champ de la radioastronomie, dédié à la recherche des signaux émis par des civilisations provenant d'ailleurs. Avec le temps, la recherche s'étend au balayage du cosmos à la découverte d'autres types d'indices telles que des mégastructures, des impulsions laser ou des signaux anormaux provenant d'exoplanètes distantes.
De nos jours, l'IA et en particulier, les algorithmes d'apprentissage automatique (Machine Learning), jouent un rôle essentiel dans la quête de vie extraterrestre. Notamment l'analyse spectroscopique des atmosphères d'exoplanètes nous montre des types de spectres que les chercheurs n'avaient jamais envisagés d'observer jusqu'à présent. Conséquence directe, les limites de la perception humaine pourraient être le plus grand obstacle pour déterminer si nous sommes seuls ou non dans l'univers. Nous pouvons ainsi passer à côté d'informations, de beaucoup d'informations que nous n'imaginons pas encore. Par exemple, pour remédier à ce problème, nous pouvons entraîner un réseau de neurones capable d'apprendre différents types d'atmosphères, puis d'apprendre différentes combinaisons de ces atmosphères, et à terme, ce réseau pourra avoir un grand potentiel de détection parmi tous les spectres récoltés dans les observations ; tâche qui se révèle impossible pour l'être humain vu le nombre de combinaisons en jeu. Faudrait-il, peut-être l'aide d'une IA pour enfin trouver une Intelligence Extraterrestre (IE) ? Certainement le mystère de la vie dans l'univers est plus vaste. Il ne s'agit pas de trouver une intelligence extraterrestre ou de recevoir un message radio provenant d'une civilisation technologiquement avancée, sinon simplement de détecter qu'il y a la vie ailleurs que sur notre planète.

Pour passer au crible les données reçues par les télescopes, les algorithmes d'apprentissage profond sont entraînés sur des systèmes solaires lointains pour détecter les planètes susceptibles de loger la vie, selon plusieurs paramètres et caractéristiques spécifiques. Une fois les candidats potentiels détectés, on pourra de façon automatique regarder plus en détail les planètes qui méritent d'être étudiées sans encombrer les bases des données. À titre d'exemple, certains algorithmes examinent la lumière traversant l'atmosphère des exoplanètes à la recherche de signes de méthane, de dioxyde de carbone et d'autres gaz liés à l'activité biologique. Cette lumière nous procure une information précieuse parce que différents types de molécules absorbent et émettent de la lumière à des longueurs d'onde spécifiques, de sorte que chaque longueur d'onde porte sa propre « empreinte digitale » dans le spectre lumineux, indiquant aux chercheurs quels sont les types de gaz présents dans l'atmosphère. Cette analyse, qui prend habituellement des jours ou des semaines, ne prend que quelques secondes avec un réseau de neurones entraîné sur plus de 85.000 longueurs d'onde simulées, RobERt (Robotic Exoplanet Recognition).

Typiquement, ce type d'algorithme traite et analyse les données provenant des télescopes spatiaux tels que la mission Hubble et la mission Kepler. Par exemple, avec le lancement d'autres missions spatiales, le télescope spatial James Webb, télescope infrarouge conçu pour observer les premières galaxies formées dans l'Univers et qui grâce à l'implémentation de l'IA jouera un rôle inestimable dans l'analyse des données. La quantité de données que ces missions fourniront sera à couper le souffle. Les systèmes d'algorithmes automatisés récupéreront les données et fourniront une analyse complète des gaz, des molécules, du climat et de la chimie de la planète observée. À l'aide de ces données, les astrophysiciens pourront mieux comprendre comment les systèmes solaires lointains se sont formés. Le fait de pouvoir examiner un échantillon statistique de différents systèmes solaires nous éclairera aussi sur la façon dont notre propre système solaire est né, un processus encore mal compris.

2. Penser différemment

La communauté scientifique a en effet évolué dans la façon de présumer ce que pourrait être la vie extraterrestre. Tout au début, la recherche se cantonnait à l'analyse des données provenant des longues rangées de radiotélescopes afin de détecter des anomalies indiquant un message envoyé au moyen des ondes radio provenant d'une civilisation lointaine. Par la suite, nous avons examiné la composition atmosphérique des planètes qui ont des étoiles semblables à notre Soleil. Plus tard, les scientifiques ont étudié des échantillons de sédiments de planètes et utilisé la géologie pour calculer quels endroits pourraient théoriquement soutenir la vie telle que nous la connaissons. Indéniablement, les recherches sur le potentiel de la vie extraterrestre habitant d'autres planètes ont été basées sur ce que l'on sait du fonctionnement de la vie sur Terre. Aujourd'hui la majorité des scientifiques examinent le problème sous un angle différent.

Premièrement, il ne s'agit pas seulement de chercher des signaux de civilisations aux stades technologiques avancés pouvant nous envoyer des messages ; car la vie pourrait se trouver dans d'autres stades moins avancés, au niveau cellulaire ou en pleine évolution sans aucune possibilité technologique de communication. Deuxièmement, la vie extraterrestre pourrait être complètement différente de la vie sur Terre. Et si les signaux de vie que nous espérons recevoir ne ressemblent en rien à ce que nous attendons ? Comment savoir ce que nous cherchons ?

Faut-il nécessairement s'attendre à rencontrer une intelligence extraterrestre ? Mais, quel type d'intelligence ? Étant donné qu'il se peut qu'une civilisation ne communique pas tel que l'on conçoit, nous ne pourrions même pas comprendre leur message. Lorsque nous pensons à une intelligence extraterrestre, il est utile de se rappeler que l'espèce humaine n'est pas le seul type de vie intelligente sur la Terre. Intelligence non humaine, langages et cultures provenant de la flore et de la faune terrestres sont tout autour de nous exemples (cétacés, insectes, oiseaux, arbres, champignons, etc.). Si certains d'entre nous n'ont pas encore reconnu les intelligences non humaines sur notre planète, imaginons alors les diverses formes de vie que nous allons négliger à l'heure d'imaginer à quoi la vie extraterrestre pourrait ressembler.

Il est évident que c'est très difficile de concevoir quelque chose que nous ne connaissons pas. Les conceptions de l'environnement, du mouvement, de la pensée peuvent s'avérer bien différentes. Comment envisager une intelligence extraterrestre vraiment différente ? Il faudrait réussir à penser en dehors de notre propre cerveau et faire des abstractions. Le domaine de l'astrophysique devrait s'enrichir d'équipes multidisciplinaires avec des neuroscientifiques, des anthropologues, des historiens, etc., travaillant ensemble pour imaginer des conceptions de vie différentes pour la recherche de ce que nous ne connaissons pas.

Récemment, un groupe de chercheurs a proposé des méthodes basées sur l'IA pour effectuer une « recherche agnostique de signaux » et examiner n'importe quel ensemble de données sans catégorie prédéterminée en rapport à la vie terrestre, c'est-à-dire sans apriori sur nos connaissances, laissant plutôt ces données se regrouper dans des catégories naturelles. Les algorithmes pourront permettre de savoir ce qui ressort comme des anomalies dans de multiples signaux analysés, ces valeurs pourraient alors être la cible de recherches plus poussées par la suite.

Penser différemment c'est aussi penser en dehors de nos systèmes scientifiques, sociaux et culturels. Mais comment aller à la rencontre d'une réalité que nous ne connaissons absolument pas ? Car, s'il s'agit des autres civilisations et de formes d'intelligence, la technologie utilisée pourrait être si différente que nous ne pensons même pas à l'observer. Est-ce que l'IA pourrait nous aider dans cette réflexion ? Puisque nous ne connaissons pas les limites de la vie ou de l'intelligence, nous devrions être ouverts à toutes les formes possibles de différence. En effet, nous pourrions trouver de la vie ou de l'intelligence sous des formes variées : communautés ou réseaux interconnectés, systèmes complexes de relations symbiotiques, éventuellement sous une forme purement énergétique. Ce qui semblerait être un processus d'arrière-plan dans l'univers, ou juste une partie de ce que nous considérons être l'environnement, pourrait s'avérer être une forme d'intelligence. Ces formes d'intelligence pourraient apparaître au niveau des atmosphères ou dans des strates géologiques, à l'échelle planétaire, ou même sous forme de phénomènes astrophysiques. Tout est à imaginer. Penser différemment la vie ou l'intelligence signifie comprendre que tout ce qui nous interpelle dans l'analyse des signaux peut être un premier contact avec la vie extraterrestre.

Alors que les scientifiques travaillent sur des algorithmes d'apprentissage automatique afin d'accroître la recherche de la vie, nous avons également besoin de comprendre le cycle de rétroaction de l'IA. Puisque nos idées façonnent l'avenir de l'IA que nous planifions, à terme, l'IA façonnera l'avenir de nos idées. Les algorithmes d'IA sont programmés par les humains et pour aider les humains à effectuer des tâches plus rapidement à l'échelle du Big Data, dont nous serions incapables d'accomplir. L'IA augmente les capacités de l'intelligence humaine, mais en somme, elle n'est pas complètement artificielle, puisqu'elle est développée par les hommes. En conclusion, elle n'est qu'un outil. Les humains qui la programment ont le contrôle. Elle pourrait être considérée comme une intelligence augmentée plutôt qu'une IA.

3. Sortir de nous-mêmes

Pour éviter toute subjectivité et la pollution de la pensée basée sur un point de vue centré sur les hommes (anthropologique), nous devrions fortement considérer nos idées sur les différences (en termes de vie biologique, cultures, avancées technologiques, moyens de communication, etc.), au moment de la programmation d'une IA pour la recherche de signes de vie. La recherche effectuée sur l'IA dans les champs de l'anthropologie et des sciences sociales révèle comment nos idées et préconcepts façonnent la technologie que nous créons sans que nous soyons conscients de cela. L'IA que nous créons facilement reflète nos idées et ses résultats. Si nous arrivons à nous débarrasser de la vision purement anthropomorphique de la vie, ouvrant les portes à l'imagination au-delà de nos connaissances, les résultats obtenus peuvent être la clé pour trouver et reconnaître une forme de vie ou d'intelligence telle que nous ne l'imaginons pas.

Nous décharger de notre bagage humain est sans doute un exercice très difficile. Nous ne cesserons jamais de créer des biais dans les stratégies de recherche et de programmation de codes d'IA. Mais grâce à des collaborations multidisciplinaires entre scientifiques, nous pourrions réfléchir de manière critique à la façon de conceptualiser et d'imaginer ces différences que nous ne percevons pas. Il faut ouvrir la recherche de la vie extraterrestre au-delà de l'astrophysique pour éviter que les groupes dédiés à cette discipline deviennent trop spécialisés et porteurs de trop de suppositions humaines pouvant entraver leurs efforts à cause des hypothèses anthropocentriques dans leur travail.

Si un tel effort triomphe, de grands ensembles de données seront passés au crible avec des codes IA sans biais humains. Sortir de nous-mêmes, élargit le champ de la découverte de biosignatures et d'indicateurs potentiels de technologie venant probablement d'organismes exotiques. Toute IA est entraînée par des êtres humains avec des données fournies par les humains, en l'occurrence avec des signaux que nous supposons être liés à des signes de vie extraterrestres. Ce faisant, ses signaux prédisposent les algorithmes de l'IA à certains biais anthropomorphiques.

En conclusion, se voir délivré de toute préconception humaine peut être incroyablement difficile, reconnaître une forme de pensée surmontant les limites de nos connaissances devient alors l'enjeu principal pour assurer une recherche optimale.

4. Un langage universel ?

Jusqu'à présent, la plupart des recherches de signaux de vie et d'intelligence supposent un certain niveau d'universalité ou l'idée que les êtres sur des mondes différents comprendront l'univers de la même manière que nous les terriens. Alors nous prétendons d'emblée qu'ils seront capables de communiquer avec nous. La recherche conçoit aussi une forme d'universalité technologique, par exemple, en présumant que les civilisations lointaines diffusent ses messages utilisant des radiotélescopes calibrés sur la même bande de fréquence que nos astronomes. Ou bien, ils estiment que nous pourrons leur parler en utilisant un langage scientifique mathématique universel.

Mais à quel point notre langage scientifique est-il universel, et à quel point notre évolution technologique ? Avec toutes ces suppositions, on prend le point de vue d'une créature sur une autre planète sur laquelle nous ne savons absolument rien.

Nous ne devons pas automatiquement supposer que l'histoire d'une autre espèce se déroule de la même manière que sur la Terre. À certains égards, les scientifiques cherchent dans les extraterrestres une meilleure version de nous-mêmes et spéculent avec des civilisations pourvues d'un grand progrès scientifique et technologique, mais aussi avec l'hypothèse que, au fur et à mesure qu'une technologie évolue, le sens de l'éthique et de la moralité aussi.

Il est judicieux dans ce type de recherche de maintenir une ouverture d'esprit le plus large possible, de mettre en cause les idées et d'accepter de nouveaux défis au niveau pluridisciplinaire. Une des solutions pourrait consister à remarquer la variété de comportements existants : comportements d'écosystèmes, comportements d'espèces animales ou végétales... Avec pour objectif de pousser les scientifiques à innover, à recréer des possibilités de recherches nouvelles, à se questionner sur des canaux de communication autres que les ondes radio. Est-ce que des êtres d'autres mondes pourraient utiliser des ondes gravitationnelles, ou des neutrinos, ou même un autre aspect inconnu de la réalité pour envoyer des messages dans le cosmos d'une forme que nous n'avons pas encore envisagée ?
Même si les mathématiques tendent vers un caractère universel, leur façon de les exprimer peut s'avérer incompréhensible pour nous. Ce qu'une civilisation pourrait assumer comme universel, le sera-t-il pour nous aussi, et vice-versa ? Toutes ces présuppositions sont donc traduites d'une façon ou d'une autre dans la programmation de l'IA. Puisque nous commandons la recherche sous ces aprioris, même d'une forme complètement inconsciente, nos résultats se rétrécissent par rapport à toutes les possibilités et combinaisons imaginables qui peuvent exister.

Conclusion

Pour quitter la vision anthropomorphique des êtres que potentiellement nous pourrions rencontrer ou contacter, il faut se demander consciencieusement ce que cela signifie être humain, afin que nous puissions imaginer ce que cela pourrait signifier d'être un extraterrestre.

Si nous programmons des IA pour nous aider à découvrir et à décider des points communs optimaux pour communiquer avec autres civilisations, il faut que ce travail implique non seulement les sciences physiques et l'ingénierie, mais également inclure dans la recherche des anthropologues, des linguistes, des biologistes, et des spécialistes d'autres domaines également. Nous produirons des ouvertures au-delà des contraintes que la recherche a placées jusqu'à présent.

Historiquement, en astronomie, les découvertes de phénomènes nouveaux ont souvent été plus fortuites qu'intentionnelles. Vu que l'échelle des relevés astrophysiques de nos jours appartient au domaine du Big Data, il semble que l'astrophysique ne se prête plus à la découverte d'anomalies par hasard. Les IA nous aident désormais à repérer des valeurs aberrantes dans les observations, des valeurs s'écartant tellement d'autres observations qu'elles vont éveiller des soupçons selon lesquels elles ont été générées par des mécanismes non habituels. Dans les sciences informatiques, il existe plein de techniques pour identifier des anomalies dans le trafic de données pour une multitude de raisons, y compris la détection des attaques de réseau, de fraude et de logiciels malveillants entre autres. Alors, avec des efforts combinés entre nos méthodes actuelles et une contribution synergique multidisciplinaire, des IA plus robustes pourront être programmées pour accroître substantiellement l'espoir d'identifier des données anormales venant de l'espace.

De toutes les manières, quitter la vision anthropomorphique, grâce à l'IA, permet l'ouverture à de nouveaux défis pluridisciplinaires, pour oser envisager les choses autrement d'une manière systémique, voire universelle au-delà des frontières et des galaxies.

POSTFACE

Noureddine BOUDOUAZ

Directeur des études – Programme Bachelor

IPSA

L'intelligence artificielle transforme en profondeur les systèmes de transport, et plus particulièrement ceux de l'aéronautique, en apportant des capacités inédites d'analyse, de décision et d'autonomie. Ce livre a mis en lumière les avancées spectaculaires permises par l'IA dans des domaines aussi exigeants que les trains à grande vitesse, les fusées ou les avions de chasse.

Mais au-delà des technologies, ce sont les **femmes et les hommes formés à ces nouveaux enjeux** qui feront la différence. C'est dans cette perspective que s'inscrit la **formation Bachelor Aéronautique de l'IPSA**, avec sa **spécialisation en Intelligence Artificielle**. En conjuguant une solide culture aéronautique avec une maîtrise des outils d'IA, cette formation prépare une nouvelle génération d'assistants ingénieurs hautement qualifiés capables de concevoir, piloter et optimiser les systèmes intelligents de demain.

Les étudiants y apprennent à automatiser des tâches complexes, à réduire les marges d'erreur humaine, à améliorer l'efficacité énergétique et à développer des systèmes réactifs face aux imprévus — autant de compétences devenues essentielles dans un secteur en constante évolution.

En refermant ce livre, le lecteur est invité à porter un regard éclairé sur les mutations en cours, mais aussi à envisager l'avenir avec ambition. Car c'est en formant des esprits curieux, rigoureux et responsables que nous construirons une aviation plus sûre, plus performante et plus durable — portée par l'intelligence artificielle et par celles et ceux qui la maîtrisent.

ANNEXES

Cours de Daniela Peschard et Valérie Lejeune.

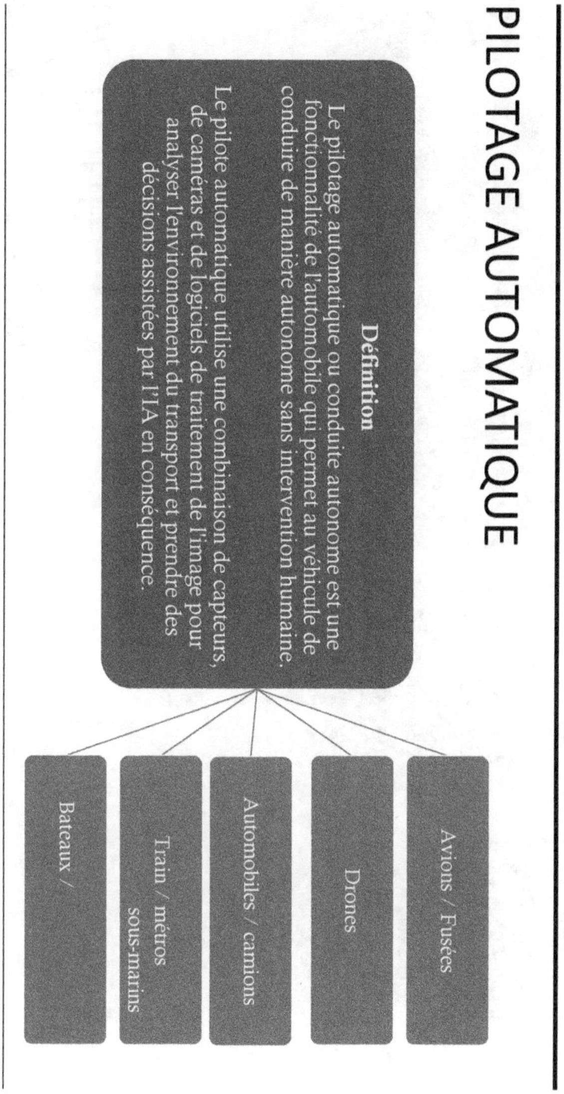

ÉLÉMENTS DU PILOTAGE AUTOMATIQUE

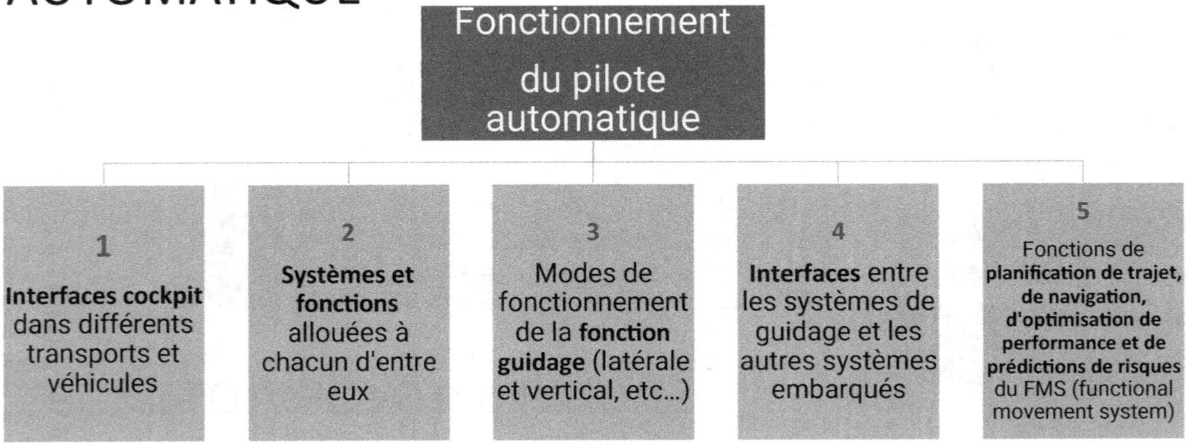

GUIDE DE TRAVAIL
SUR CHAQUE ÉLÉMENT
DU PILOTAGE AUTOMATIQUE

Se référer à la page 3 (points énumérés de 1 à 5)

- Interfaces cockpit dans différents transports et véhicules

L'objectif est de placer le conducteur dans une situation réelle de conduite en reconstituant un poste pilotage numérique.

Ce système connecté relie, autour d'un système de guidage, et d'une unité centrale d'information et de gestion de systèmes embarqués.

Les informations seront synchronisées entre les différents systèmes.

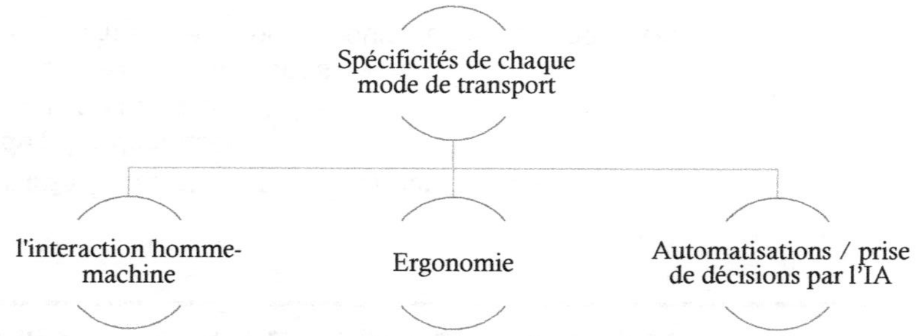

1- Interfaces cockpit dans différents transports et véhicules

Objectifs :

1- Intégrer la du rôle de l'IA dans les interfaces cockpit, développer :

1.1 L'IA comme assistant du pilote/conducteur :

- Analyse en temps réel de l'environnement
- Anticipation des dangers et suggestions d'actions
- Interfaces vocales et assistants intelligents pour réduire la charge cognitive.

1.2 L'IA et interactions homme-machine (IHM) adaptatives :

- Ergonomie spécifique et modification dynamique des interfaces selon le contexte (ex. affichage tête haute)
- Interfaces tactiles, haptiques et vocales assistées par IA

2- Scénarios et études prospectives

- **Cockpits autonomes** : quelles interfaces pour des transports entièrement autonomes ? (Ex. avion de ligne sans pilote, voiture sans volant, train autonome).
- **Interfaces immersives** : IA et réalité augmentée pour les pilotes/conducteurs.
- **Éthique et responsabilité** : si une IA prend une décision critique en vol ou sur la route /eau, qui est responsable ?

2- Systèmes et fonctions du pilote automatique

Objectif: réduire la charge cognitive et de travail humaine, augmenter la précision et la sécurité tout en contrôlant la trajectoire d'un véhicule de façon autonome, sans que la présence d'un être humain ne soit nécessaire.

1- Fonctionnement et technologies clés

- Capteurs utilisés (gyroscopes, accéléromètres, radars, lidars, caméras).
- Systèmes de contrôle et algorithmes (PID, machine learning, deep learning).
- Intégration de données pour une navigation précise.

2- Rôle de l'IA dans le Pilote Automatique

- Prise de décision et gestion des imprévus.
- Apprentissage automatique et adaptation aux conditions.
- Cybersécurité et enjeux éthique

3- Scénario prospectif : Vers une autonomie complète ?

- **Projection dans le futur** : comment les pilotes automatiques vont-ils évoluer d'ici 2050 ?
- Véhicules 100% autonomes ?
- Disparition des pilotes humains ?
- Nouveaux risques et nouvelles responsabilités ?

3- Modes de fonctionnement de la fonction guidage

Objectif : analyser et expliquer les différents **modes de fonctionnement de la fonction guidage** dans les systèmes de pilotage automatique et leur évolution avec l'IA. Comparer ces modes dans plusieurs types de véhicules et réfléchir aux implications technologiques et sécuritaires.

1- Introduction à la Fonction Guidage

- Définition du **guidage dans un système de pilotage automatique**.
- Différence entre **guidage, navigation et contrôle**.
- Rôle dans la stabilisation et l'optimisation des trajectoires.

2. Les Différents Modes de Fonctionnement de la Fonction Guidage

Expliquer chaque mode, leur application dans différents véhicules, et leur évolution avec l'IA.

2.1. Guidage en Mode Manuel Assisté

L'opérateur (pilote, conducteur) garde le contrôle mais reçoit une assistance

⇒ **Lien avec l'IA** : Machine learning pour adapter l'assistance selon le comportement du pilote.

2.2 Guidage en Mode Automatique Programmé

Le véhicule suit un **trajet préprogrammé**, sans prise de décision autonome.

⇒ **Lien avec l'IA** : Optimisation des trajets via analyse de big data et conditions en temps réel.

2.3 Guidage Réactif (Mode Suivi de Cap et Corrections Dynamiques)

Le système ajuste le guidage en **temps réel** en fonction des conditions extérieures.

⇒ **Lien avec l'IA** : Systèmes de vision, réseaux neuronaux pour prédiction de mouvement

3- Modes de fonctionnement de la fonction guidage

2.4 Guidage Autonome avec Prise de Décision IA
Le système décide de la trajectoire optimale

⇒ **Lien avec l'IA** : Deep Learning pour la gestion des situations complexes.

3- Comparaison des Modes de Guidage par Secteur

- Réactivité et autonomie
- Capacité d'adaptation aux imprévus
- Niveau d'intervention humaine nécessaire
- Précision et efficacité énergétique

4- **Projections et Débats**
Question ouverte : Faut-il rendre les systèmes de guidage totalement autonomes ?

✓ Sécurité vs confiance des utilisateurs
✓ Éthique et responsabilité juridique
✓ Impact sur les emplois (pilotes, conducteurs, capitaines de navire)

4- Interfaces entre les systèmes de guidage et les autres systèmes embarqués

Objectif: Comprendre comment les **systèmes de guidage** interagissent avec les autres **systèmes embarqués** dans les différents types de transports. Analyser ces interfaces, les technologies utilisées et le rôle de l'IA dans leur évolution.

1- Typologie des Interfaces entre Guidage et Autres Systèmes

1.1. Interface avec le Système de Navigation

- Interaction avec **GPS, INS (Inertial Navigation System)**.
- Utilisation des **cartes numériques et données satellites**.
- Prise en compte des **mises à jour en temps réel** (météo, trafic, obstacles).

1.2. Interface avec le Système de Contrôle de Vol / Conduite

- Pilotage automatique
- Direction assistée et contrôle adaptatif (ADAS en automobile).
- Automatisation de la conduite ferroviaire (ERTMS, CBTC).
- Interaction entre l'IA du pilote automatique et les actionneurs mécaniques (servo-moteurs, freins, gouvernes).

1.3. Interface avec les Capteurs et Systèmes de Perception

- **Fusion de données** entre capteurs : LIDAR, caméras, radars, capteurs inertiels.
- Transmission des données vers le système de guidage pour ajuster la trajectoire.

4- Interfaces entre les systèmes de guidage et les autres systèmes embarqués

1.4. Interface avec les Systèmes de Communication

- **Échange de données** avec le cloud et d'autres véhicules / transports
- Communication avec les **centres de contrôle au sol** en aviation et ferroviaire.

1.5. Interface avec le Système de Gestion de l'Énergie

- Optimisation de la consommation en fonction de la trajectoire.
- Interaction avec les systèmes de propulsion et batteries.
- Navigation adaptative des transports autonomes pour minimiser la consommation de carburant / énergies.

2- Technologies et Protocole d'Interface

Détailler les **protocoles de communication** utilisés entre le guidage et les autres systèmes :

- **Communication embarquée** : CAN, ARINC 429, AFDX, Ethernet embarqué.
- **Normes et protocoles** : RTCA DO-178C (aviation), ISO 26262 (automobile).
- **Cas pratique possible** : Simulation d'une interface entre un capteur LIDAR et un système de pilotage automatique sous Matlab/Python.

3- **Rôle de l'IA dans l'Évolution des Interfaces**
4- IA pour **fusion de données intelligente** et réduction du bruit des capteurs.
5- Maintenance prédictive grâce à l'analyse des échanges entre systèmes.
6- Interface Homme-Machine (IHM) évolutive pour plus de flexibilité.

5- Fonctions de planification de trajet, de navigation, d'optimisation de performance et de prédictions du FMS (functional movement system)

Analyser les 4 grandes fonctions du FMS (Functional Movement System) : **système de gestion des trajets et des performances** utilisés dans tous les secteurs du transport pour assurer la **planification, la navigation, l'optimisation et la prédiction** des déplacements en fonction de contraintes internes (carburant, état du véhicule) et externes (météo, trafic, obstacles).

1. Planification de Trajet (Route Planning)
Déterminer le trajet optimal avant le déplacement.
Données utilisées :

- Informations sur l'infrastructure (routes, rails, couloirs aériens, voies maritimes).
- Conditions météorologiques et trafic en temps réel.
- Contraintes énergétiques (niveau de carburant, autonomie des batteries).

⇒ **Lien avec l'IA** : Les systèmes de planification modernes utilisent des **algorithmes de machine learning** pour anticiper et proposer les meilleurs trajets en fonction des tendances passées.

2. Navigation
Suivre en temps réel la trajectoire planifiée tout en s'adaptant aux conditions changeantes.
Systèmes utilisés :

- **Capteurs de localisation** : GPS, INS (Inertial Navigation System), radars, caméras.
- **Systèmes de communication** : V2X (Vehicle-to-Everything), satellite, balises ferroviaires.

⇒ **Lien avec l'IA** : Deep Learning utilisé pour **fusionner les données des capteurs et optimiser la navigation**

5- Fonctions de planification de trajet, de navigation, d'optimisation de performance et de prédictions du FMS (functional movement system)

3. Optimisation de Performance

Minimiser la consommation énergétique et améliorer l'efficacité du déplacement.

Critères d'optimisation :

- **Économie de carburant** : Adaptation de la vitesse et du régime moteur en temps réel.
- **Réduction des frottements et résistances** : Gestion des altitudes (aviation), vitesses optimisées (ferroviaire, maritime).
- **Optimisation du temps de trajet** : Réduction des retards par une gestion adaptative.

⇒ **Lien avec l'IA** : Analyse prédictive pour adapter en temps réel les paramètres et optimiser la consommation d'énergie.

4. Prédiction et Gestion des Risques

Anticiper les événements qui pourraient impacter le déplacement et ajuster les décisions.

Facteurs de prédiction :

- **Prédiction des incidents météorologiques** (orages, tempêtes, vents violents).
- **Analyse du trafic et des congestions** pour éviter les embouteillages.
- **Surveillance des performances des véhicules** pour détecter d'éventuelles pannes.

⇒ **Lien avec l'IA** : Les modèles de prédiction basés sur des **réseaux neuronaux** permettent d'anticiper les anomalies bien avant qu'elles ne se produisent.

Recherche : Contacts

- **Recherche CentraleSupelec**
https://www.centralesupelec.fr/fr/antoine-girard-nomme-fellow-au-sein-de-linstitute-electrical-and-electronics-engineers-ieee
https://www.centralesupelec.fr/fr/nouveau-master-2-economie-des-transports-et-des-mobilites-paris-saclay-pilote-par-centralesupelec-et

- **CES 2025**
https://circulerpropre.fr/ces-2025-innovations-mobilite/

- **VALEO**
https://www.valeo.com/fr/les-lidars-valeo-au-coeur-de-la-conduite-autonome/

- **BMW**
https://www.bmw.com/fr/automotive-life/conduite-autonome.html

18

IPSA

La recherche à l'IPSA

Signaux & IA

- Toujours en lien avec l'IA et l'apprentissage statistique, on s'intéresse aux méthodes d'apprentissage profond pour l'extract io d'information, l'apprentissage de représentations parcimonieuses et la résolution des problèmes inverses en traitement du signal appliqué aux positionnement, navigation, radar, la localisation et communications numériques (codage et forme d'ondes).

- En électromagnétisme, les problématiques sont l'optimisation des dispositifs électromagnétiques, le diagnostic non destructif des réseaux filaires et leur compatibilité électromagnétique (CEM), notamment pour les aéronefs et les véhicules électriques, ou encore, le transfert d'énergie sans contact pour les drones.

LABORATOIRE DES SYSTÈMES AÉRIENS AUTONOMES – LS2A	LABORATOIRE DES SYSTÈMES INTELLIGENTS – LS2I
Le laboratoire est dédié à l'activité drones et au développement de plateformes pédagogiques pour les sciences de l'ingénieur Génériquement, ses recherches s'articulent autour de la modélisation, la conception et la commande de nouveaux concepts de drones : drones convertibles, drones interactifs, conception d'aero-grippers, système de commande de vol embarqué.	Le laboratoire est dédié à l'activité IA et à la coopération multi-agents (intelligence artificielle distribuée), à l'électronique reconfigurable (FPGA), à la vérification formelle des algorithmes et au développement de plateformes pédagogiques (robots terrestres).

Contacts : enseignants-chercheurs : https://www.ipsa.fr/recherche-aeronautique-spatial/signaux-ia/

Intervention de Tairan Wang.

Ethics by Design for AI solutions

Tairan WANG

March 3rd, 2025

C'est quoi les risques pour toi?

03/03/2025 IPSA 4

Design reliable systems

A380

Nuclear power plant

Industrial robots, Tesla

Hong Kong-Zhuhai-Macau Bridge

Control and mitigate risk of failure

Fukushima earthquake & tsunami 2011

Degradaon (f ague)

Lack of knowledge and bad design

Accident (train derailment China 2011)

The concept of risk

Hazard: the potenal sour ce of harm (ISO/IEC Guide 51)

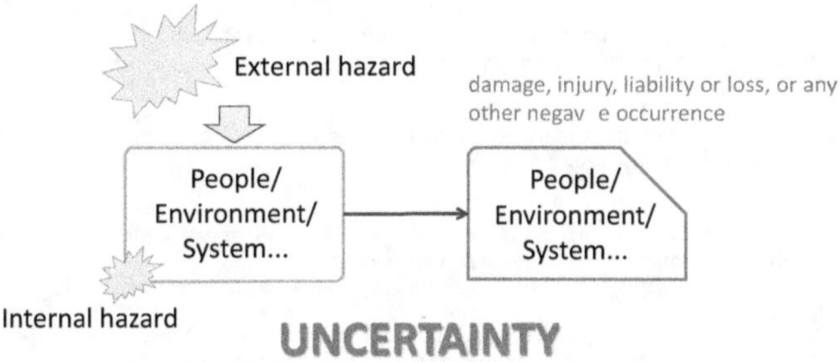

RISK (Qualitative)

RISK: The combinaon of the uncertainty of occurrence of harm, and the severity of that harm (ISO/IEC Guide 51)

RISK = POTENTIAL DAMAGE + UNCERTAINTY

03/03/2025 IPSA 8

4 catégories de classement possibles

Niveau de certitude

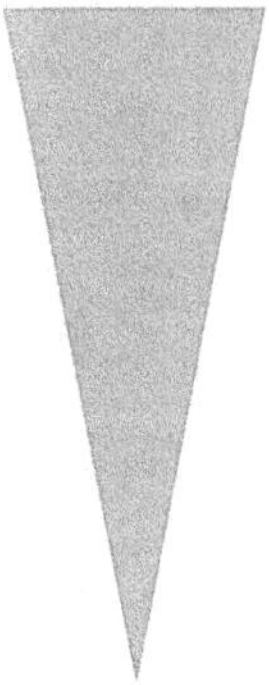

- les risques avérés, dont on peut estimer avec précision la probabilité de concrétisation et la gravité des conséquences potentielles ;
- les risques potentiels, dont nous ne savons mesurer qu'un seul des deux facteurs, fréquence ou gravité ;
- les risques présumés, dont nous pouvons supposer l'existence sans toutefois être capables d'en évaluer ni la fréquence ni la gravité ;
- les risques inconnaissables, dont nous pouvons juste nous convaincre qu'ils existent sans pouvoir les nommer ni même les imaginer puisque le danger est en dehors de notre champ de connaissance.

IPSA 9

Des domaines:
Entreprise (dirigeant),
Ingénierie (ingénieur),
Solution IA (informaticien), etc.

The Terminator
- 1984, James Cameron

Key words:
- Killer robot
- War against machine

Impact on human

Table of contents – *Ethics by Design (EbD)*

- Part I: Ethical Principles & Requirements
- Part II: Practical steps for applying EbD in AI development
- Part III: Ethical Deployment & Use
- Conclusion

03/03/2025 IPSA 13

Part I: Ethical Principles & Requirements

03/03/2025 IPSA 14

Ethical Principles & Requirements

- Respect for Human Agency: autonomy, dignity and freedom.
- Privacy and Data governance
- Fairness
- Individual, Social and Environmental Well-being
- Transparency
- Accountability and Oversight

03/03/2025 IPSA 15

Part II: Practical steps for applying EbD in AI development

Practical steps

- SPECIFICATION OF OBJECTIVES
- SPECIFICATION OF (CONSTRUCTION) REQUIREMENTS
- HIGH-LEVEL DESIGN
- DATA COLLECTION & PREPARATION
- DETAILED DESIGN & DEVELOPMENT
- TESTING & EVALUATION

03/03/2025 IPSA 17

Part III: Ethical Deployment & Use

Ethical Deployment and use

PROJECT PLANNING & MANAGEMENT

ACQUISITION

DEPLOYMENT AND IMPLEMENTATION

MONITORING

03/03/2025 IPSA 19

New Focus- GenAI

Google Trend

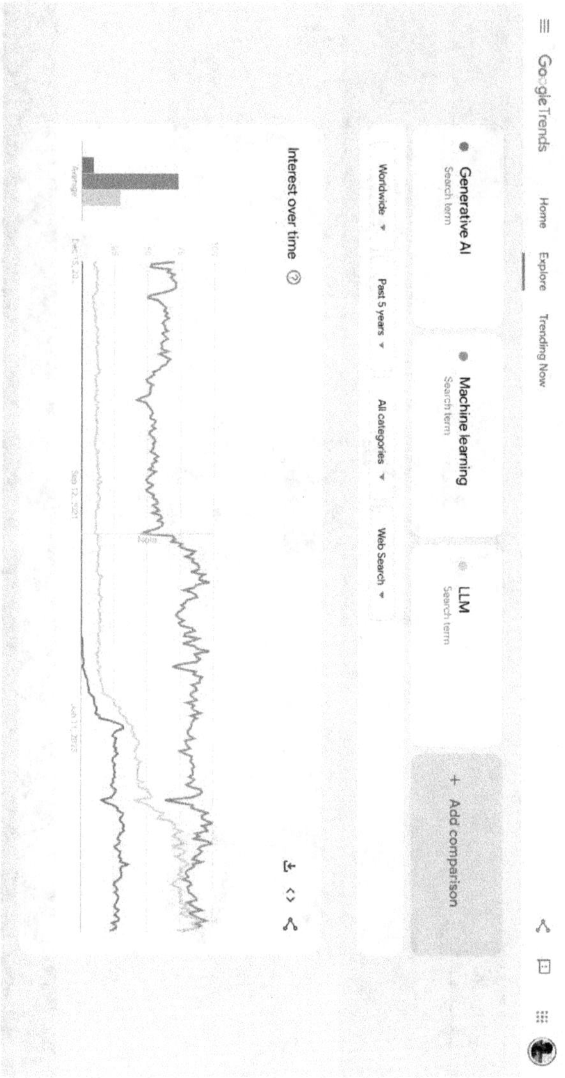

HALLUCINATION <-- LLM

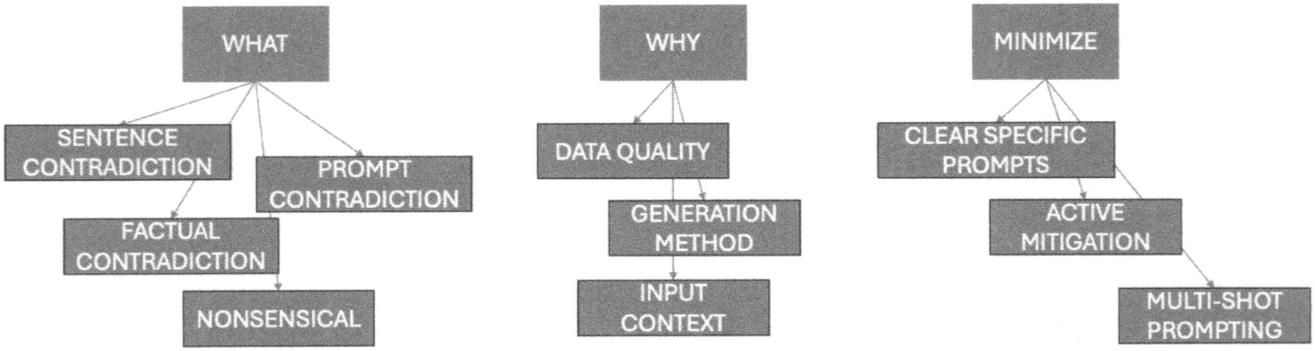

Conclusion

- Ethics by design is important;
- Ethics by design is an approach;
- Recommended to introduce Ethics by Design as early as possible;
- Ethics by Design may not have been implemented fully, but even with the basic idea, it may bring you advantages in the future in gaining or prevenng things ;
- It can be the terminator of « *The Terminator* ».

Example of high-level design - Solution I:

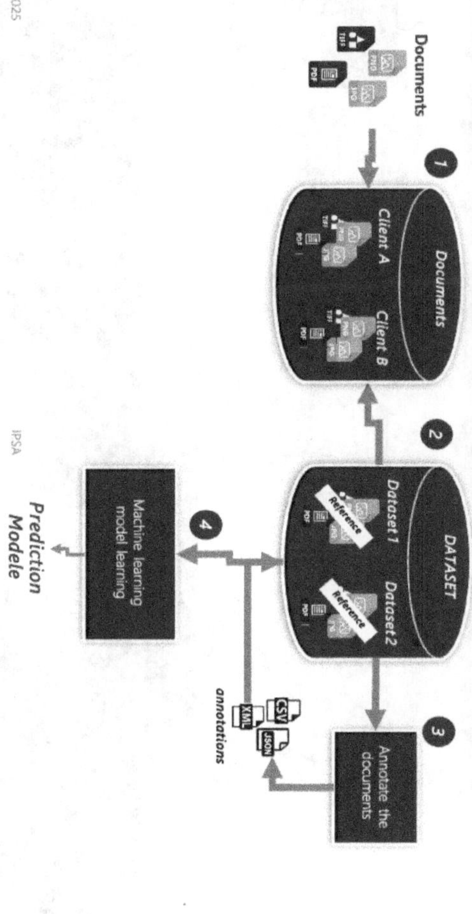

Solution II:

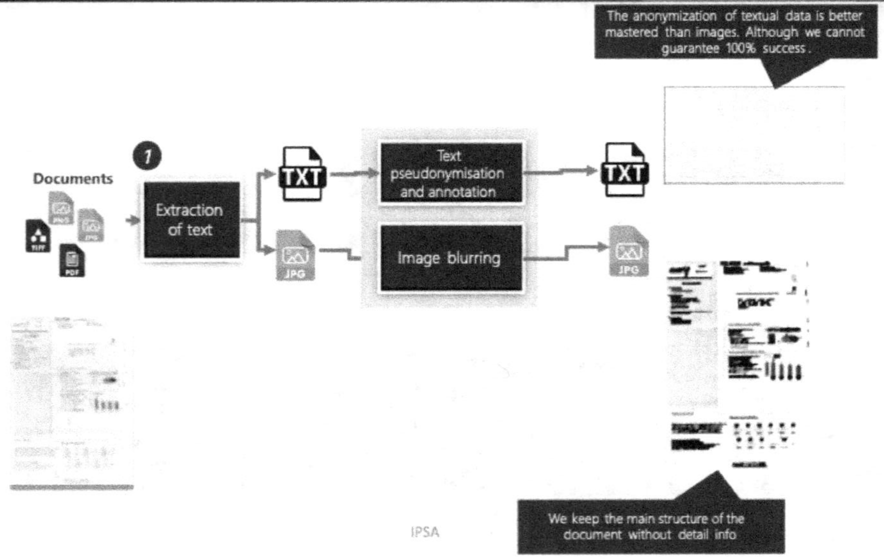
The anonymization of textual data is better mastered than images. Although we cannot guarantee 100% success.
Documents
1
Extraction of text
TXT
JPG
Text pseudonymisation and annotation
Image blurring
TXT
JPG
We keep the main structure of the document without detail info

Solution III:

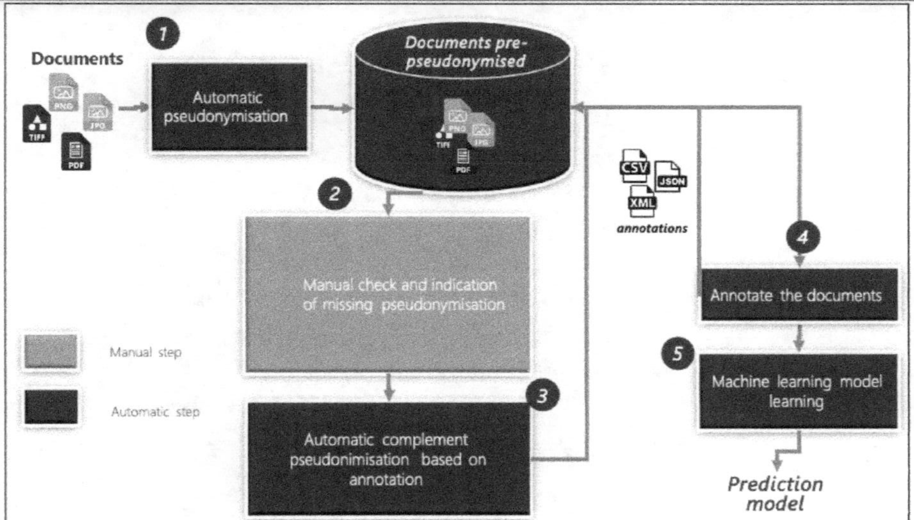

Back

Biographie des Auteurs (Extraits)

Noureddine BOUDOUAZ

Directeur des Études Bachelor à l'IPSA, où il pilote la qualité pédagogique et veille à l'adéquation des formations avec les besoins du secteur aéronautique. Diplômé de Télécom SudParis et titulaire d'un DEA en modélisation mathématique, il cumule 25 ans d'expérience dans l'enseignement supérieur et le conseil en sécurité des systèmes informatiques.

noureddine.boudouaz@ipsa.fr

boudouaz@hotmail.com

Noureddine Boudouaz est actuellement Directeur des Études Bachelor à l'IPS (Institut Polytechnique des Sciences Avancées), une école d'ingénieurs reconnue po son expertise dans les domaines de l'aéronautique et du spatial. À ce poste, supervise la qualité pédagogique des formations, coordonne les équipes enseignant et veille à l'adéquation des programmes avec les attentes du secteur.

Diplômé de Télécom Paris, il s'est spécialisé en Internet et systèmes répartis, domaine au cœur des technologies numériques modernes. Il est également titulai d'un DEA en modélisation obtenu à l'Université de Versailles, ce qui témoigne de s solide bagage scientifique et de sa capacité à aborder des problématiques complex avec rigueur.

Fort de 25 ans d'expérience dans l'enseignement supérieur et le conseil en sécur des systèmes d'information, il a également mobilisé ses compétences mathématiques appliquées en tant que consultant et formateur indépendant. Ce double expertise, à la fois académique et industrielle, lui permet d'aborder problématiques de modélisation avec rigueur et pertinence au service de l'industri

Arthur HERVOCHON

Etudiant en Bachelor Aéronautique à IPSA PARIS - Spécialité Data Science et IA

Alternant Data Analyst et Engineer à AIR FRANCE

arthur.hervochon@ipsa.fr

Passionné d'aéronautique, il a aimé s'intéresser à son futur et aux atouts que l'IA pourrait apporter à ce milieu. Il a pu se servir des connaissances et compétences acquises sur ses trois années d'études, ainsi qu'au sein de son expérience en entreprise, dans le but d'apporter un regard critique sur les évolutions futures de ce domaine.

Dr. Valérie LEJEUNE

Présidente Maison Effervescence

Expert scientifique Gouvernance, Stratégie, Innovation, Créativité Collective

Intervenante IPSA

Valerie.ls.lejeune@gmail.com

Docteur Ingénieur de l'Institut National Polytechnique de Grenoble, titulaire d'un MBA, DBA, de Certificats en Gouvernance et Acting.

D'abord 15 ans d'expérience industrielle internationale en R&D et Management de l'Innovation au sein du groupe papetier ArjoWiggins ; invention et développement industriel de papiers destinés à des applications éditoriales, numériques et de luxe.

Puis 15 ans d'expérience dans le Conseil multi-sectoriel, l'Enseignement, la Recherche ; Maître de Conférences, Responsable Master Innovation, Entreprise et Société, Vice-doyenne de la Faculté DEGSP à l'Université Catholique de l'Ouest.

Aujourd'hui Présidente fondatrice de Maison Effervescence.

Prof. Expert CentraleSupélec Exed. Responsable du Certificat Gouvernance 5.0. et Intervenante IPSA.

Valérie contribue à développer des outils méthodologiques pour accélérer la performance créative au niveau individuel, collectif et systémique et assister les entreprises dans leur transformation plus humaine. Elle a créé et dirige les collections Ad Valorem et Effervescence chez L'Harmattan.

Daniela CIRIGLIANO -PESCHARD

Docteure en Astrophysique – Docteure en Physique

Enseignante, Chargée de l'Innovation et de l'Entreprenariat, Institut **Mines Télécom-Paris**

peschard@telecom-paris.fr

Daniela a 10 ans d'expérience dans des missions d'astrophysique développées par l'Agence Spatiale Européenne (ESA) et l'Agence Américaine NASA. Ses travaux de recherche portent sur la physique des plasmas stellaires à l'Institut d'Astrophysique Spatiale, les instabilités géomagnétiques et la cosmologie à l'Observatoire de Paris.

Depuis plus de 20 ans, Daniela est impliquée dans l'enseignement dans la sphère universitaire et au sein des grandes écoles d'ingénieurs françaises, où elle contribue avec des pédagogies innovantes à l'enseignement de la thermodynamique, les transferts thermiques et la théorie de l'information.

Aujourd'hui à l'Institut de Mines Télécom (IMT), elle est la responsable du développement des Projets Pédagogiques d'Innovation et Recherche à destination des élèves ingénieurs. Elle travaille en collaboration avec les entreprises de l'Incubateur de Télécom-Paris pour favoriser l'apprentissage par l'expérience dans des thématiques concernant principalement l'Intelligence Artificielle, la cybersécurité et la transition énergétique. Elle est fortement impliquée dans le Pôle Pédagogique de Télécom-Paris afin de soutenir, promouvoir et réfléchir sur différentes initiatives pédagogiques.

WANG Tairan 王泰然 ***Manager Consultant AI*, IBM, Paris France**	

Depuis avril 2024 – **Manager Consultant AI**, **IBM**, Paris France
Janvier 2022 – Mars 2024 ***Senior Consultant Confirmé***, **IBM Interactive**, Paris France
Avril 2019 – Décembre 2021 ***Senior Consultant***, **IBM Interactive**, Paris France
Mission Chef de projet, sur les solutions IA (Crédit Mutuel, Carrefour, Royal Canin etc.)
Novembre 2016 – Mars 2019 – ***Senior Consultant***, **FuturMaster**, Paris France
Mission MOA+MOE pour la réalisation des conceptions et des études cadrage Supply Chain, ainsi que la rédaction du cahier de charge (L'Oréal, Prestalis, Vilmorin, Euralis, Rozenbal, SevFun etc.)
Mai. 2016 - Juillet. 2016 – ***Chef de projet,*** **The Boston Consulting Group**, Paris France
2012 - 2015 ***Doctorat*** **- « La Prise de Décision et la Modélisation d'Incertitude pour l'Analyse Multicritère des Système Complexes Énergétiques », laboratoire de Génie Industriel, École Centrale Paris**, France
2008 - 2012 ***Ingénieur Généraliste*** **(Promotion 2011) - Informatique Télécommunication Robotique, École Centrale Paris**, France*
** : Double diplômes programme de l'École Centrale Paris avec Beihang University*
2011 - 2014 ***Master*** **- Sciences Électroniques, Beihang University**, Chine
2007 - 2011 ***Licence*** **- Mathématiques Appliquées, Beihang University**, Chine

Florian ANDRE : Etudiant en Bachelor Aéronautique spécialisé en Data Science et Intelligence Artificielle (promotion 2025), Florian ANDRE a travaillé dans les industries du transport ferroviaire (SNCF Réseau) et de l'énergie nucléaire (Orano), lors de ses stages et alternances. Il s'intéresse aux questions liées aux systèmes de calcul haute performance (HPC), de cybersécurité, ainsi qu'aux défis soulevés par l'intelligence artificielle dans ces deux domaines.

Sara ICARRE : Etudiante en Bachelor Aéronautique à IPSA PARIS, spécialisée en Data et IA. Elle a rejoint cette aventure d'écriture pour explorer un futur où l'IA pourrait bien devenir le copilote de l'humanité dans ses voyages dans l'espace.

Quentin COMTE : Etudiant en Bachelor Aéronautique à IPSA PARIS, spécialisé en Data et IA. Alternant Data Analyst chez STELLANTIS.

Ressources :
Ouvrages et publications

- Andriambololona, M., & Lefeuvre, P. (2003). *Implementing a Dogfight Artificial Pilot.* LinkedIn+10kbs.twi.tudelft.nl+10Academia+10.

- DeMay, C. R., White, E. L., Dunham, W. D., & Pino, J. A. (2020). *AlphaDogfight Trials: Bringing Autonomy to Air Combat.* Johns Hopkins APL Technical Digest, 36(2). executivebiz.com+5secwww.jhuapl.edu+5Johns Hopkins APL+5.

- DARPA. (2019–2020). *DARPA AlphaDogfight Trials.* Sky News+6Wikipédia+6Defense News+6.

- Pope, A. P., Ide, J. S., Micovic, D., Diaz, H., Rosenbluth, D., Ritholtz, L., Twedt, J. C., Walker, T. T., Alcedo, K., & Javorsek, D. (2021). *Hierarchical Reinforcement Learning for Air-to-Air Combat.* secwww.jhuapl.edu+4arXiv+4darpa.mil+4.

- Academia - Embedded Control Systems Issues and Solutions

- IAENG IMECS2017 Conference Paper

- L'IA va-t-elle prendre la place des pilotes dans les avions ? par Yohan Demeure

- L'ERTMS, une signalisation performante au standard européen

- Le pilote automatique : Histoire, évolution et maîtrise moderne : https://tarmac-simulation.fr/

- Transports autonomes : Un fonctionnement intelligent et sûr. https://www.alstom.com/fr/solutions/mobilite-digitale/transports-autonomes-un-fonctionnement-intelligent-et-sur

- Mobilité autonome : l'avenir du rail est automatisé. https://www.alstom.com/fr/mobilite-autonome-lavenir-du-rail-est-automatise

- Le véhicule autonome : Le véhicule autonome : quel rôle dans la transition mobilitaire ? https://forumviesmobiles.org/recherches/13211/le-vehicule-autonome-quel-role-dans-la-transition-mobilitaire

- Hervé de Tréglodé, Conseiller scientifique à France Stratégie. Véhicules autonomes : défis et opportunités pour les territoires. https://www.cerema.fr/fr/actualites/interview-vehicules-autonomes-defis-opportunites-territoires

- Bruno Hérissé (2023). Contrôle optimal et planification de trajectoire pour le guidage des systèmes aérospatiaux. Automatique / Robotique. Université Paris - Saclay.

- Cédric Godin (2021). Planification de trajets pour un véhicule à guidage automatique holonome à parcours libre. Thèse Université de Sherbrooke.

- Mohamed Nadjib RAHAL (2024). Optimisation et planification de trajectoire pour les systèmes Multi-agents. Thèse.

- Etude de lois avancées de guidage, navigation et contrôle de colis autoguidés sous parachute-aile, par des techniques physiques et des méthodes d'Intelligence Artificielle (IA).

- Pierre Gillard. Les systèmes de gestion de la navigation. École Nationale d'Aérotechnique.

- Véhicules autonomes : développer des méthodes d'essai, une condition nécessaire à leur homologation. Techniques de l'Ingénieur. https://www.techniques-ingenieur.fr/actualite/articles/vehicules-autonomes-developper-des-methodes-dessai-une-condition-necessaire-a-leur-homologation-136765/

- Véhicules autonomes dans l'UE : de la science-fiction à la réalité. Thèmes du Parlement Européen. https://www.europarl.europa.eu/topics/fr/article/20190110STO23102/vehicules-autonomes-dans-l-ue-de-la-science-fiction-a-la-realite

- La voiture autonome. Recherche CEA. https://www.cea.fr/comprendre/Pages/nouvelles-technologies/essentiel-sur-voiture-autonome.aspx

- Alain Coulon. Usages de l'IA dans les transports. Espaces numériques. https://espaces-numeriques.org/ia-transports/

- Intelligence artificielle transport : 5 cas d'usage. https://www.transportexpress.fr/fr/actualites/intelligence-artificielle-transport

- Le rôle de l'IA dans la décarbonation des transports. BPI France. https://bigmedia.bpifrance.fr/nosdossiers/le-role-de-lia-dans-la-decarbonation-des-transports

- À quoi servent l'IA et l'intelligence artificielle générative dans les transports ? https://innovation.keolis.com/projets-actualites-nouvelles/a-quoi-servent-l-ia-et-l-intelligence-artificielle-generative-dans-les-transports/

- Emna Mejri (2023). Planification de chemin écoénergétique d'un robot mobile autonome de manutention. Thèse de l'Université de Québec.

- Mobilité routière automatisée et connectée. Symposium du 3 décembre 2024. https://www.ecologie.gouv.fr/sites/default/files/documents/Actes%20symposium%20MRAC%202024-1.pdf

Ressources : Videos

https://fr.video.search.yahoo.com/yhs/search?fr=yhs-sz-002&ei=UTF-8&hsimp=yhs-002&hspart=sz&param1=3784253782&gdpr=1&p=video+train+sans+conducteur+une+1%C3%A8re+TF1&type=type80340-812501835#id=2&vid=dbf29d17bd06f28978e829f68ed90b6b&action=click

https://fr.video.search.yahoo.com/yhs/search?fr=yhs-sz-002&ei=UTF-8&hsimp=yhs-002&hspart=sz&param1=3784253782&gdpr=1&p=video+train+sans+conducteur+une+1%C3%A8re+TF1&type=type80340-812501835#id=51&vid=1a0a29d180d0fa66df5de49b2dd5c0b9&action=click

https://fr.video.search.yahoo.com/yhs/search?fr=yhs-sz-002&ei=UTF-8&hsimp=yhs-002&hspart=sz&param1=3784253782&gdpr=1&p=video+train+sans+conducteur+une+1%C3%A8re+TF1&type=type80340-812501835#id=1&vid=b35e14bf903e6b3c229d1375751b2cf6&action=click

https://www.tf1info.fr/transports/videos/video-train-sans-conducteur-une-premiere-3246-2329012.html

https://www.tf1info.fr/transports/video-reportage-exclusif-lesrames-autonomes-du-futur-tout-est-automatique-voici-le-premier-train-sans-conducteur-ou-presque-d-alstom-2329011.html

https://fr.video.search.yahoo.com/yhs/search?fr=yhs-sz-002&ei=UTF-8&hsimp=yhs-002&hspart=sz&param1=3784253782&gdpr=1&p=video+train+sans+conducteur+une+1%C3%A8re+TF1&type=type80340-812501835#id=15&vid=0dbdf1263e0096a150acb53c4b38c22e&action=click

Structures éditoriales du groupe L'Harmattan

L'Harmattan Italie
Via degli Artisti, 15
10124 Torino
harmattan.italia@gmail.com

L'Harmattan Hongrie
Kossuth l. u. 14-16.
1053 Budapest
harmattan@harmattan.hu

L'Harmattan Sénégal
10 VDN SICAP AMITIE 3
BP 45034 Dakar-Fann
direction@senharmattan.com

L'Harmattan Cameroun
Tsinga/Derrière polyclinique FECAFOOT
BP 11486 Yaoundé
Jacques.koukam@harmattan.fr

L'Harmattan Burkina Faso
Villa 281, secteur 23 623, rue 14.32
Ouagadougou
zagbie@outlook.fr

L'Harmattan Guinée
Almamya, rue KA 028 OKB Agency
BP 3470 Conakry
harmattanguinee@yahoo.fr

L'Harmattan RDC
185, avenue Nyangwe
Commune de Lingwala – Kinshasa
matangilamusadila@yahoo.fr

L'Harmattan Congo
219, avenue Nelson Mandela
BP 2874 Brazzaville
deunovmikhael@gmail.com

L'Harmattan Mali
Immeuble Mgr Jean Marie Cissé
Aci Hamadallaye
BP 145 Bamako
syllaka@yahoo.fr

L'Harmattan Togo
Djidjole – Maison Amela
face EPP BATOME
02 BP 20680 Lomé
didieramela11@gmail.com

L'Harmattan Côte d'Ivoire
Résidence Karl – Cité des Arts
Abidjan-Cocody
03 BP 1588 Abidjan
harmattan.ivoire@gmail.com

L'Harmattan Bénin
Rue 604, (Immeuble à l'entrée
de la rue UCAO- Cite de Saint-Jean)
Cotonou
stepcorpus@gmail.com

Nos librairies en France

Librairie internationale
16, rue des Écoles
75005 Paris
librairie.internationale@harmattan.fr
01 40 46 79 11
www.librairieharmattan.com

Librairie des savoirs
21, rue des Écoles
75005 Paris
librairie.sh@harmattan.fr
01 46 34 13 71
www.librairieharmattansh.com

www.ingramcontent.com/pod-product-compliance
Lightning Source LLC
LaVergne TN
LVHW051355061026
849535LV00009B/3195
* 9 7 8 2 3 3 6 5 6 5 0 9 5 *